种植栽培技术

高糖甜菜高产栽培技术

李乡壮　主编

西北工业大学出版社

【内容简介】 本书介绍了部分农作物的种植栽培技术，主要内容包括菜用玉米的种植技术、高糖甜菜高产栽培技术、蔬菜反季节栽培技术、瓜果反季节栽培技术等。本册详细阐述了高糖甜菜高产栽培技术对于提高甜菜产量和质量方面所起的作用，理论和实例相结合，具有较强的可操作性。

图书在版编目(CIP)数据

高糖甜菜高产栽培技术/李乡壮主编.—西安:西北工业大学出版社,2012.1

(种植栽培技术)

ISBN 978-7-5612-2810-4

Ⅰ.①高… Ⅱ.①李… Ⅲ.①甜菜—栽培
Ⅳ.①S566.3

中国版本图书馆 CIP 数据核字(2010)第 114896 号

出版发行：西北工业大学出版社
通信地址：西安市友谊西路 127 号　　邮编:710072
电　　话：(029) 88493844　88491757
网　　址：www.nwpup.com
印 刷 者：陕西向阳印务有限公司
开　　本：787 mm×1 092 mm　1/32
印　　张：16.375
字　　数：287 千字
版　　次：2012 年 1 月第 1 版　2012 年 1 月第 1 次印刷
定　　价：39.00 元(全套共 3 册)

序　言

人生有许多梦想,而我的梦想之一就是为农民、农村、农业服务,这套农业丛书的出版,让我的这个梦想得以实现。

我的童年是在农村度过的,换句话说,我拥有绿色的童年。正是那时的历练与陶冶,使我在此后的城市生活中做到了处变不惊,胜不骄,败不馁。多少年来,始终萦绕在我心头的是挥不去的浓浓乡情。

我大学毕业去单位报到,领导看见我的名字二话没说就将我分到了农村救济科;我进入报界,主编同样不假思索地让我在《乡村》栏目任职,后又派我到《农村天地》杂志社工作八年。总之,我的工作离不开农村与农业,朋友也是农民居多。不谦虚地说,就是城里人不屑或者说是不会的农活我也会干几样,比如水稻育苗、葡萄嫁接等。

身后有余忘缩手,眼前无路想回头。就在我为出版这套丛书四处搬兵、网罗人才时,得到《吉林日报》社农村部主任张力军,副主任石威,群工部主任孟繁杰,记者林启龙、王继富的积极响应与帮助。在此对帮助我的朋友表示诚挚的谢意。

俗话说，人多力量大，众人拾柴火焰高。我的老领导，曾经在《农村科学实验》《农村天地》《畜牧兽医》杂志任主编、主任的周振和、吕维也加入了这个团队，使我的力量大增，从而保证了这套丛书的质量，在具有科学性、实用性的同时，技术上也有了一定的新高度。

我希望这套丛书能为推动新农村建设尽微薄之力。当然，由于时间仓促，书中难免有不足之处，敬请广大读者及朋友批评指正。

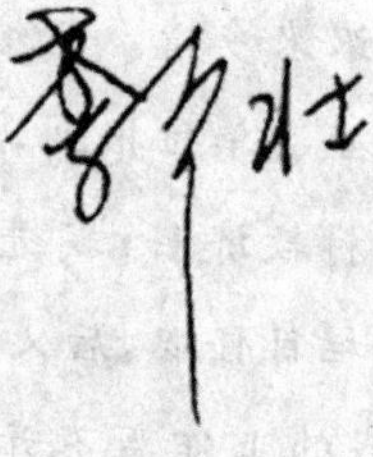

目　录

第一章　甜菜简述

说起甜菜，也许大家并不陌生。我们可以用甜菜做很多的美食，而且还是许多食品的重要原料。可是甜菜的来历也许大家了解得并不多。长久以来，甜菜在欧洲一直保持着极高的地位，欧洲民间极为推崇甜菜的营养价值，也很喜爱它们。

由于甜菜的营养丰富，他们把甜菜看成是中国的灵芝。而对于甜菜的历史，则可追溯到古希腊时代，古希腊人视甜菜为神圣之物，每逢祭拜时，人们将甜菜根呈献给阿波罗神，因此，甜菜根被称为“阿波罗的礼物”。

简单地介绍一下甜菜：

甜菜，又名菾菜，甜菜在比较寒冷的地区盛产，世界上主要生产甜菜的国家、地区有欧盟、美国、中国、俄罗斯、乌克兰等。

甜菜原产于欧洲西部和南部沿海，从瑞典直到西班牙，是热带除甘蔗以外的一个主要制糖来源之一。它的叶子也是一种蔬菜。而在中国的甜菜产区主要集中在新疆、黑龙江、内蒙古等省、自治区。

甜菜是一种两年生草本植物，叶形多变异，有长圆形、心脏形或舌形，叶面有皱纹或平滑；茎有1～2米高，叶长5～20厘米，花小，绿色，每朵直径仅3～5毫米，5瓣。

甜菜的果实是球状的，呈褐色，通常由多个连接生成了果球；主根呈肉质块根，有圆锥形，也有纺锤形和楔形等不同形状；其皮有红色、紫色、白色、浅黄色等各种颜色。甜菜喜好较为清凉的气候，其根中含有大量的糖分，可以用来生产砂糖，但在高温和潮湿地区生长的甜菜含糖量比低温和干燥地区生长的甜菜含糖量低。

欧美很多国家有种植甜菜的传统。不同国家对于甜菜的做法也是有所不同的。美国普遍有烹食或腌食甜菜的习俗，俄罗斯甜菜浓汤是东欧的传统甜菜汤之一。

从18世纪的德国开始，糖用甜菜就发展成为一个十分重要的商业门户。英国曾对法国进行封锁，使之得不到进口食糖，为了应对这种局面，拿破仑鼓励种植甜菜，从此糖用甜菜在欧洲广为栽种。

现在甜菜糖约占世界糖产量的一半，成为生产糖品的重要原料之一。主产国是乌克兰、俄罗斯、美国、法国、波兰、德国、土耳其、意大利、罗马尼亚和英国等。

人们把甜菜当成"综合维生素"，能够替代维生素起到一定的作用，是感冒发烧、身体虚弱时的首选食物。甜菜含有丰富的钾、磷及容易消化吸收的糖，可促进肠胃的蠕动。丰

富的维生素 B_{12} 及铁质，是妇女与素食者补血的最佳天然营养品。

地中海沿岸是糖甜菜的发源地，据查证，野生种滨海甜菜是栽培甜菜的祖先。大约在 1500 年前从阿拉伯国家传入中国。在我国，叶用甜菜种植历史悠久，而糖用甜菜是在 1906 年才引进的。我国糖甜菜的主产区在东北、西北和华北。

在我国，糖用甜菜和甘蔗是制糖的主要原料，并成为仅次于棉花、食用植物油料之后的大宗经济作物，糖用甜菜种植区大多集中在周边经济不太发达的省、区，发展糖用甜菜生产对振兴这些地区的经济具有重要意义。

第一节　甜菜栽培在我国的发展与兴起

由于甜菜的营养丰富，实用价值高，所以甜菜被引入国内后很快得到农户和消费大众的认可。苏联学者认为糖甜菜由起源于地中海沿岸的野生种演变而来。经长时期人工选择，到公元 4 世纪已出现白甜菜和红甜菜。公元 8～12 世纪，糖甜菜在波斯和古阿拉伯已广为栽培，其栽培品种后又由起源中心地传入高加索、亚细亚、东部西伯利亚、印度、中国和日本。但当时主要以甜菜的根和叶作蔬菜用。

1747 年，德国普鲁士科学院院长首先发现甜菜根中含有蔗糖。他的学生阿哈德通过进一步的人工选择，于 1786 年在柏林近郊培育出块根肥大、根中含糖分较高的甜菜品种。这是栽培甜菜种中最重要的变种，也是世界上第一个糖用甜菜品种，这一新品种的推广和应用为糖产品的生产提供了巨大的原料渠道。

1802 年，世界上第一座甜菜制糖厂在德国建立。19 世纪初，法、俄等国相继发展了甜菜制糖工业。

甜菜作为糖料作物栽培始于 18 世纪后半叶，至今仅有 200 多年的历史。

现在世界甜菜种植面积约占糖料作物的一半，仅次于甘蔗，居第 2 位，分布在北纬 65°到南纬 45°之间的冷凉地区。1985 年全世界甜菜播种面积为 800 多万公顷，其中以欧洲最多，其次为北美洲，亚洲占第 3 位，南美洲最少。

糖甜菜起源于地中海沿岸，大约在 1500 年前从阿拉伯国家传入中国。

明末清初的《聊斋志异》作者蒲松龄称："北地而今兴果，无物不可用糖粘"，说明那时山东地方制作甜菜拔丝已经时兴，拔丝菜品甚多，山药、苹果、红薯、莲子等，皆可制作，已是无物不可用糖粘也，所以说甜菜的应用是很广泛的，甜菜的市场在当时已经是开辟市场空间很大的了。

20 世纪初，我国开始种植糖料甜菜。我国大面积引种糖用甜菜始于 1906 年。先在东北试种，1908 年建立第一座机制甜菜糖厂后逐渐向其他地区推广。

近 20 年内，我国甜菜种植面积日益减少，从 800 多万亩减少到不足 300 万亩，这就需要我们在种植的同时提高种植技术，使甜菜的亩产量增加，从而保证农作物的产量，更好地满足消费者对甜菜的大量需求。

近年来，国外甜菜品种的冲击对国内品种改良和栽培技术变革起着催化剂的作用。有计划、有目的地大量引进国外品种势在必行。针对国外的品种我们要取其精华，进行改善和创造，找到一个适合国内甜菜种植的方式。

国外的甜菜品种优点就是，普遍表现为生长势强、抗病，根形光滑整齐、产量高、根头小，利于收获和加工，我们可以结合国内的种植环境和消费需求进行改造。

甜菜还有一个优点就是种子加工质量好，这些用专用机械加工过的种子大小均一致，裹有种衣剂或包成丸衣，发芽率高、出苗整齐，国内生产的种子与此差距很大。

但是国内一些权威专家认为甜菜品种仍应以国内为主，这主要是因为欧美国家甜菜生育期长，存在产量高、含糖低的问题。

我国于 2001 年 11 月正式加入 WTO，不仅对我国许多农产品产生冲击，而且，也对农作物科研及育种产生一定的影响。就甜菜而言，目前，在世界几十个甜菜种植国当中，几乎都已普及推广甜菜单胚品种，只有几个国家仍以多胚品种为主，我国便是其中之一。

从发展趋势看，甜菜单胚品种取代多胚品种是我国甜菜生产发展的必然趋势，我们也正在为达到这一趋势而不懈努力着。

自从我国引进甜菜育苗移栽技术以后，国有农场及西北地区的较高机械化程度，都迫切需要优良的甜菜单胚品种投入生产。所以要加快我国甜菜新品种的普及步伐，合理调整生产结构，才是解决问题的关键。

第二节　甜菜的基本特性

一、甜菜的基本结构

甜菜为两年生草本植物，主要分为根、叶、枝、花和种子几大部分。甜菜生长的第一年主要进行营养生长，在肥大的根中积累丰富的营养物质；第二年则主要进行生殖生长，抽出花枝后，经异花受粉形成种子。

（一）根

甜菜的根系属直根系，肉质块根是由肥大的主根发育形成的，常见的有楔形、圆锥形、纺锤形和锤形。

块根又分为根头、根茎、根体和根尾四部分。含糖量以根头最低，根茎较高，根体最高。

根头上部与根茎相接，根茎下端至主根直径1厘米处为根体，直径1厘米以下的部分称为根尾。根体是主根的主体，同时也是含糖量最高的部分，根体两侧各生一条生长着大量须根的根沟。

从根体横断面看，根体的中层含糖量最高，内层次之，外层最少。甜菜出苗时幼根向土壤深处延伸约15厘米，到甜菜长出两对真叶时，主根入土程度深，侧根入土深度可达10厘米。甜菜完全成熟时主根入土深约达2米。

（二）枝

当甜菜进入第二年生殖生长阶段时，根头的芽发育成花枝，根头的顶芽发育成主枝，腋芽发育成侧枝。

主枝和侧枝生出的花枝为第一分枝，第一分枝再分生出第二分枝。

花枝基部呈圆柱形，顶端为三棱或多棱肋骨状。植株按花枝形态可分为单枝型、混合枝型和多枝型三种。

（三）叶

甜菜的叶为单叶，由根头顶端的叶芽发育而成，有叶柄，螺旋式排列丛生于根头上。

叶片变异大，有盾形、心脏形、犁铧形、矩圆形、团扇形和柳叶形等。但同一自交系或用无性繁殖的同一无性系植株的叶片形状则基本一致。叶柄呈肋骨状，断面一般为三角形。

根据植株上的叶柄与地面角度的不同，可分为直立状叶丛、匍匐状叶丛和斜立状叶丛。多数叶柄与地面趋于垂直状态称直立状叶丛；多数叶柄与地面呈近30度角称匍匐状叶丛；居于两者间的称斜立状叶丛。

（四）花和种子

甜菜花为两性花，分为单生和聚生两种。

单生的花形成单果，果中有1粒种子，称单粒形种球；聚生花通常由数朵花聚生于花枝上，下端有苞片。每朵花由花被、雄蕊和雌蕊组成。开花后形成聚花果，果中有多粒种子，称多粒形种球。

甜菜的种球是坚果和蒴果的中间类型。种子呈肾形，较扁平。为了保证全苗、壮苗，取得甜菜的丰产和高糖分，种球标准要求达到直径2.5毫米以上，千粒种球重20克以上，纯洁率98%以上，发芽率不低于一半以上。

二、甜菜的分类

甜菜属藜科甜菜属，分为野生种和栽培种。野生种很多都是为栽培种提供育种的种源，根据功用不同可以分为几个类型。

（一）食用甜菜

食用甜菜又称为火焰菜、红甜菜，根和叶均为紫红色，直根肥大可供人类食用，色彩明丽、风味甘甜。根可食用，类似大萝卜，生吃略甜，可作为配菜点缀在凉拌菜中，或作为雕刻菜的原料，颜色非常鲜艳；也可做汤类菜。

甜菜在苏联的许多地区作为一种蔬菜仍有较大面积的种植。此外还可作为观赏植物。食用甜菜其他的经济潜力尚有待研究、开发。

（二）饲用甜菜

它是普通甜菜的一个变种。饲用甜菜是一种专门作为养牛、养猪用的饲料作物，块根的含糖率较低，但产量较高。

在欧洲，饲用甜菜的栽培面积较大，且甜菜品种的科学研究工作是由专门的饲用甜菜培育机构进行培育的。但是出于对制糖厂的经济利益的考虑，为了避免甜菜制糖厂蒙受损失，欧洲的一些国家出台了一些新的规定，饲用甜菜与糖甜菜的根皮颜色要有所区别。

因此，颜色基因被饲用甜菜育种的工作人员导入到了饲用甜菜的根皮之中，于是目前我们看到的饲用甜菜的块根是五颜六色的，如浅红色、浅粉色、金黄色、浅黄色，等等。这种甜菜块根含糖低，但是根、叶产量均较高，肥大的块根可作饲料用。

饲用甜菜块根呈圆柱形，地上部分达三分之二以上，叶片数较少。饲用甜菜的根沟浅，且较为光滑，收获时带土少。饲用甜菜的块根中除含一定的糖分之外，还含有各种维生素和碳水化合物、脂肪及矿物盐类，它们可以维持家畜正常的生长发育,所以它是一种营养价值较高的多汁饲料。

作为饲料作物,饲用甜菜在我国有较好的开发前景。随着我国人民生活水平的提高,各方面要求的提高,特别是对饮食营养要求的不断提高,奶产品类的消费量将大幅度提高,所以必将带动一部分产业的发展,因此饲用甜菜开发前景极其广阔。

除此之外,饲用甜菜也是不可多得的遗传资源。饲用甜菜与糖甜菜杂交选育光滑根育种,这是利用其良好的根形而达到的效果。也可以利用其丰产性的基因选育丰产性材料。

(三)叶用甜菜

叶用甜菜俗称厚皮菜,叶片肥大柔嫩,叶部发达,叶柄粗长,再生力强,根很小、叉较多,可供人食用或饲料用,具有较强的抗寒性及耐暑性。它可作为蔬菜食用或作为草药及饲料。

叶用甜菜是在沿海甜菜中分离出来的,后来被传入欧洲、印度、中国等。叶用甜菜是最早驯化栽培的一种甜菜。

叶用甜菜大约在公元5世纪从阿拉伯引入我国。中国的叶用甜菜现已初步被划分为5种类型:白色叶用甜菜、绿色叶用甜菜、四季叶用甜菜、卷叶叶用甜菜和红色叶用甜菜。在我国叶用甜菜主要分布在长江、黄河流域及西南地区种植。

目前,叶用甜菜在个别地区仍作为蔬菜栽培。此外叶用甜菜由于具有抗褐斑病性、抗逆性，所以在糖甜菜或饲用甜菜育种中常被利用。叶用甜菜其他的经济潜力尚有待研究和开发。

(四)观赏甜菜

观赏甜菜有美丽的叶子，呈红色，吸引人们的眼球。这类甜菜具有极高的观赏价值。

(五)糖用甜菜

糖用甜菜也是由野生甜菜变种而来的，最早起源于地中海沿岸的野生种。经过长时期的人工选择，白甜菜和红甜菜是在公元 4 世纪的时候出现的。

公元 8～12 世纪，糖甜菜在波斯和古阿拉伯已广为栽培，其栽培品种后来又从起源中心地传入高加索、亚细亚、东部西伯利亚、印度、中国和日本等地区。当时主要以甜菜的根和叶作蔬菜用。

糖用甜菜块根产量和含糖率都较高，块根含糖 18%左右，高糖品种中含糖量更高，是制糖工业的原料。糖用甜菜通称甜菜，它是甜菜变种中最重要的一个变种。

中国大面积引种糖用甜菜始于 1906 年。在东北首先试种，1908 年建立第一座机制甜菜糖厂后逐渐向其他地区推广。糖用甜菜的主产区包括东北、华北、西北三个产区，其中东北种植最多，约占全国甜菜总面积的一半以上。这些地区有利于糖用甜菜的种植，这里都是春播甜菜区，无霜期短、积温较少、日照较长、昼夜温差较大，甜菜的单产和含糖率高、病害轻。

在西南部地区，如贵州省的毕节、威宁，四川省的阿坝高原，湖北省的恩施和云南省的曲靖等地，虽纬度较低，但由于海拔高、气候垂直变化大，也均属春播甜菜区。黄淮流域夏播甜菜区是中国近年发展起来的新区，种植糖用甜菜的面积极少。

三、甜菜的地域种植

地域选择好坏对于种植的甜菜产量的高低有着直接的影响。我国实行超级原种、原种和生产用种三级良种繁育制。我国甜菜主产区在北纬 40 度以北，包括东北、华北、西北三个产区。

这些地区都是春播甜菜区，日照较长、无霜期短、昼夜温差较大、积温较少，甜菜的单产和含糖率高、病害轻。同时还有西南地区，如贵州、四川一些地区也是春播甜菜区，此外还有黄淮流域夏播甜菜区。

(一)东北、华北、西北春播区

东北地区为最主要的产区，种植面积约占全国甜菜总面积的一半以上。但是由于东北、华北、西北地区冬季气候寒冷，一般采取秋收后母根置入窖内储藏，第二年春季土地解冻后移栽田间采种的播种方式。东北、华北和内蒙古自治区东部的春播区为垄作区;内蒙古中、西部和西北地区如甘肃、新疆为平作区,前作为麦、玉米或豆类,冬季休闲。

东北垄作地区定苗密度一般为每亩* 数千株,华北、西北,大部分采用畦作,行距较窄,定苗密度一般为每亩数千株。春播甜菜一般从7月上旬开始大量吸收营养物质,8月中旬至9月上旬吸收的营养量约占总吸收量的90%。

(二)西南春播区

在西南部地区,如贵州省的毕节、威宁,四川省的阿坝高原,湖北省的恩施和云南省的曲靖等地,虽纬度较低,但由于海拔高、气候垂直变化大,也均属春播甜菜区。

(三)黄淮流域夏播区

黄淮流域甜菜区是我国近年发展起来的新区,面积仅占全国甜菜总面积的5.5%。黄淮流域一年二熟制地区实行夏播,可避过褐斑病等危害。

黄淮流域土地冻层在30厘米以内的地区,一般采取当年播种培育的母根多在田间原地越冬,第二年春天采种的播种方式,定苗密度一般为每亩数千株。夏播甜菜以9月中旬至10月上旬为吸收营养高峰期。

(四)不同播种区的播种

不同种植地区或同一地区的不同地块,由于气候、土壤、

---

* 1亩=0.0667公顷=667平方米。

品种、栽培技术等条件的限制，甜菜的播种也要区别对待，不应以一概全。

因为甜菜种子发芽兑水分要求比较高，要达到发芽需要吸收比种球本身重量更多的水分，如果湿度小于一半时就会影响发芽。因此有灌溉条件的地区多进行秋冬灌溉或早春灌溉；无灌溉条件地区应适期抢墒播种或浇水播种。

在最晚的一次霜期较晚、春季风较大的地区，幼苗出土后，宜采取防霜和防风措施。一年二熟夏播区以及有灌溉条件的华北西部和西北甜菜区，采用纸筒育苗移栽，对盐碱地和春旱条件下的甜菜保苗有良好作用，块根单产和含糖率也可高于直播。

无霜期长的地区，甜菜成熟期晚于岗地或沙壤土地块；甜菜生长后期多雨，高温年份成熟期拖后；而干旱、日照充足、昼夜温差大的年份，成熟期提前。相同的外部条件下，丰产型品种的成熟期晚于高糖型品种。

根据每块地甜菜的具体情况，合理地确定收获期，安排收获顺序，可以获得较高的产糖量。因为收获的早晚，不仅关系到块根产量，更重要的是关系到块根的含糖量及杂质含量。

在正常条件下，甜菜糖分积累期，每10天可增加含糖率1%。因此，收获过早不仅产量低，块根含糖也低，而且非糖物质多、品质差。相反，收获过晚，甜菜易受冻害，造成转化糖含量增加,降低蔗糖产糖率,而且块根不耐保藏。同时,收获太晚还影响秋耕整地及秋冬灌,不利于后茬作物的生长。

甜菜的适宜收获期,应从秋季平均日最低气温达到甜菜生长临界温度时开始,在“枯霜”来临前结束。东北种植区甜菜适宜收获期为9月下旬至10月上、中旬;华北地区为10月中旬;西北地区为10月中、下旬。当然,各地具体的收获时间还应根据当年甜菜生长的实际情况来确定。

四、甜菜的生物学特性

我们所说的甜菜,学名又叫“萘菜”,也称“糖萝卜”,属于两年生草本植物。肉质主根块,有圆锥形、纺锤形和楔形三种类型。甜菜皮大多为红色、紫色和白色,有时也有浅黄色。叶形多变异,有长圆形、心脏形或舌型,叶面呈皱纹或平滑状。甜菜花为绿色,形状较小,单生或2～3朵聚生。果实呈褐色球状,通常有数个联生成果球。

甜菜耐冷凉气候,在高温多湿的气候下甜度降低。甜菜的块根可以制作砂糖,叶和糖渣则可作饲料。变种叶用萘菜亦称“君莛菜”“厚皮菜”“牛皮菜”,根部肥大,叶大,可供食用,是常见蔬菜之一。

甜菜的一生分为两年即营养生长和生殖生长两个阶段。生长第一年主要是营养生长,可分为幼苗、叶丛繁茂、块根糖分增长和糖分积累4个时期；生长第二年主要是生殖生长，可分为叶丛、抽薹、开花和种子形成几个时期。

甜菜在播种后的第一年进行营养生长，形成繁茂的叶丛和肥大的块根，糖分在丰满的块根种处积累，成熟收获时，块根的重量和含糖率都达到了高峰，是供应制糖加工的最佳时期。

第一年收获的块根，用做制糖，称为原料根或原料甜菜；若留做采种，则称为母根甜菜或甜菜母根。冬季将甜菜母根储藏或露地越冬，第二年移植到地里，重新生根生叶，形成新的叶丛，然后抽薹、开花、结实。

五、甜菜的生长条件

甜菜广泛种植于温带和寒温带地区。温热地区也可播种，但是要选择在凉爽季节种植。在适宜的气候下，菜用甜菜生长期为两个月，某些饲料甜菜则长达一年以上。

（一）土壤

甜菜在深而富含有机质的松软土壤上生长良好，能忍耐盐碱含量较高的土壤，可以采取大面积普遍灌溉，施用化肥和粪肥均可。

但甜菜对强酸性土壤和低硼比较敏感，缺硼的甜菜表现为发育不良，生长受到抑制，甚至根内出现黑心病。

（二）光照

适宜甜菜生长的日照时间约为一天。在弱光条件下，光合作用变缓，块根生长缓慢。日照时间不足会导致块根中的全氮、有害氮及灰分含量增加，甜菜的纯度和含糖率降低。在遮光条件下，块根中单糖占优势，品质会发生显著变化。

（三）温度

甜菜为喜温作物，但耐寒性较强。整个生育期要求平均温度10℃以上，积温达到3000℃左右。

块根发育的适宜温度为平均19℃以上。当土壤深度达到5～10厘米处，温度达到15℃以上时，块根增长发育最快；温度低于4℃时，块根几乎停止增长。

昼夜温差与块根增大和糖分积累有直接关系，当昼温在15℃以上，夜温在6℃左右时，可以最大限度地提高光合作用效率和降低夜间呼吸作用，从而增加糖分积累。

（四）水分

块根生长前期需水不多，生育中期兑水分需求较大，生育后期需水量较中期减少。甜菜整个生育期降水量以几百毫米为宜，收获前1个月内降水宜少，否则会导致含糖率显著降低。适宜块根生长的最大持水量为70%～80%。如果土壤中的持水量超过85%，块根生长将受到抑制；水分大于90%会导致块根窒息，终致死亡。第二年的糖分积累期如果持水量低于60%，块根生长明显缓慢，根体木质化程度高，品质较差，不利于加工制糖。

六、甜菜的成熟和采收

(一)甜菜的成熟

甜菜是二年生作物，第一年只是营养生长阶段，不能结果，所以达不到植物学定义上的成熟，只能根据它营养生长后期植株的生物学特性来确定其生物学成熟期。

甜菜生物学成熟的特征是，块根增长缓慢并趋于停止，质地变脆，含糖达到最高水平，纯度达85%左右；叶柄用嘴咀嚼的时候有明显甜味，咸味变淡；多数老叶变黄并枯萎，叶丛疏散，叶子斜立或匍匐。但是，甜菜糖厂往往在甜菜生物学成熟期之前的工艺成熟期就开始收获甜菜。

甜菜工艺成熟期的主要标志是块根重和含糖均达到制糖标准要求，块根中糖分含量高，纯度达到一半以上。其外部形态是大部分叶由深绿色变成浅绿色，老叶变黄、少部分枯萎；叶姿态大多斜立，部分匍匐。

(二)甜菜的采收

甜菜的收获方式一般可分为人工收获和机械收获两种方式。

目前，除少数有条件的国有农场采用机械挖掘外，一般都采用人力收获即畜力收获或手工挖掘的方式。即用畜力牵引的铲蹚犁或翻地犁将甜菜垄行蹚15～18厘米。为防止蹚偏垄，可将铲蹚犁的前轮卸下，安装两个运输轮，轮距等于垄宽。蹚时两轮走在垄沟内，可保证犁平稳前进。

机械收获甜菜，主要采用拖拉机牵引摘掉犁壁的四铧犁或五铧犁进行挖掘。犁铲入土深度20～22厘米。

甜菜挖掘、捡拾和集堆应连续作业，以免块根长时间风吹日晒，失水萎蔫或受冻害，降低品质。

甜菜集堆时，应先抖落块根上的泥土，根朝里、叶朝外，码成圆堆或长形堆，防止块根大量失水或受冻害。

第三节　甜菜的价值

一、甜菜的营养价值

甜菜的营养非常地丰富，是用途广泛的一种营养型蔬菜，在人们日常的餐桌上，甜菜可以是非常不错的菜肴原料。由于其价格并不昂贵，非常适合大众的消费，甜菜虽然其貌不扬，但是营养却十分全面。

甜菜中有很多的矿物质元素，这其中包括可溶性糖、粗蛋白、烟酸，还含有很多的矿物质元素，如钾元素、钠元素、磷元素、铁元素等。甜菜的营养元素有很多，我们可以通过食用甜菜来积极地补充身体的各种元素的缺失，进行合理的、恰当的方式来调养身体，使身体处在一个健康的循环系统中。

(1)在甜菜中所含的营养物质起到了对肠胃蠕动有帮助的同时，也就是间接地对肝、脾、胆及肾脏等内脏的健康起到了维护的作用。甜菜的根部中含有维生素 B_{12} 和铁，能够发挥补血的作用；甜菜中的维生素C可以使肠道内的铁离子由三价的转化成二价的，使铁离子能够很好地被身体所吸收；并且甜菜中含有的烟酸参与血红蛋白进行合成，这样就增加了身体内部的血红蛋白的数量，大大地增强了血红蛋白的携氧能力。

(2)甜菜的根部含有丰富的钾元素和磷元素，非常容易消化吸收相应的糖，对肠胃的消化吸收得特别好，甜菜根部的这些营养可以促进胃肠道的蠕动情况，改善肠胃的健康状况，一些肠胃不好或者是消化不好的群体，多吃甜菜对身体特别有帮助。

(3)甜菜还能够防治一些常见的血压、冠心病等病症。

(4)甜菜中含有一定量的维生素C，我们知道，维生素能够提高身体的免疫力，促使身体能够预防很多疾病的发生，而且甜菜中的维生素具有一定的抗氧化性，针对一些病菌的侵入，起到了非常重要的抵御作用，对身体健康十分有益。

(5)膳食纤维是一种非常重要的营养元素，是我们现在非常提倡要补充的一种纤维，膳食纤维能够促进锌和其他矿物质的充分吸收。现在社会快餐文化的形势越来越严重，这使得很大一部分人群都比较讲求时效，所以做什么都比较注重速度。

正是因为这样，所以我们很大一部分人的肠胃都不是很好，肠胃病的发生概率也越来越高。甜菜的食用，能够使我们大量摄入膳食纤维，所以对于那些胃肠吸收功能不是特别好的老少人群、学生族、上班族，食用甜菜能够使营养均衡地吸收，避免肠胃再次受到伤害。

二、甜菜的功效

甜菜和中国的萝卜很相似，甜菜的味道稍显甘甜。有很多的蔬菜，虽然营养丰富，可是吃起来味道一般，而甜菜的口感好，还具有大量的营养。甜菜里面富含丰富的铁元素、叶酸、维生素 A 和 C，还有大量的碳水化合物。

甜菜的营养价值非常地高，富含大量的膳食纤维和多种矿物质能。我们现在调养身体的方法有许多，食用甜菜可以说是一种不错的补充营养的方法。

对于经常患有贫血、血压高等身体不适的人，以及面色暗淡无光泽、常常会有黄褐斑的、体弱、时常感冒发烧的以及病后身体虚弱的人来说，甜菜中的各种营养都是有益的。甜菜根部含有丰富的钾、磷及特别消化吸收的糖，可促进肠胃道的蠕动；同时也富含维生素，能提高免疫力。

很多人在平时生活中会有一些不良习惯，比如吸烟、过度饮酒、饮食习惯不好等。人们还易受到外界客观环境的影响，比如空气的污染、环境的危害以及紫外线造成的过敏、各种各样的辐射等这些因素造成的有害物质对身体的侵袭过多。

这些问题都很容易对我们的身体造成潜在的威胁，是癌症的诱因之一，是造成心血管疾病、糖尿病等病症的患病因素之一，那么，如何有效地控制这一问题呢？甜菜可以起到一定的作用。红甜菜中的维生素可以起到抗氧化的作用，对这些有害物质有一定的抑制作用。

胃是我们身体重要的食物储存器。如果我们的胃不舒服，胃黏膜状况不好的时候，甜菜中的一些元素发挥的抗氧化作用可以帮到我们。甜菜对身体健康发挥着重大的作用。

红甜菜能促进血液循环，对调养老年病有益。如果你需要调养冠心病、动脉硬化、高血压、低血压、高胆固醇、心律不齐等疾病，红甜菜能够帮助你。

红甜菜补充人体需要的各种营养，对身体健康有益。如果你身体不适、容易患病、精神不振、厌食、体质虚弱、病后体虚、偏食等；或者你需要调养肝脏常常出现的一些问题，比如脂肪肝，肝功能不好，肝脏虚弱等病症；或者那些正处于青春期的孩子；或者调养经过肿瘤放疗和化疗的身体；所有的这些问题，甜菜都可以起到一定的作用。

甜菜以其独特的营养充分的魅力，深得国外居民和农户朋友的喜爱，人们用它来做菜或者鲜食。国外很多国家食用甜菜的历史久远，而且甜菜在近些年来也逐渐引入到国内的市场，慢慢地打开了国内市场的销路。不论是种植甜菜的农民朋友，还是食用甜菜的人们，或者是以甜菜为加工原料的各种工厂，都逐渐地认可了这种蔬菜，并将其当做一种重要的蔬菜来对待。

（一）甜菜对便秘的功用

便秘是一种常见病症，如果这个问题出现后不及时地处理，那么身体的各项机能都会受到一定的影响。甜菜中富含大量的膳食纤维，可以很好地解决这一问题，起到事半功倍的效果，因此可以缓解便秘的发生，能够避免出现这种现象。

甜菜中富含叶酸，这种物质对于心脏有一定的保护作用，一个甜菜大约可以提供人们将近一半的叶酸需求量。

如果你需要调养视力、老花眼，防止因缺乏维生素A而引起的各类眼病，红甜菜中丰富的维生素可以起到一定的作用。

（二）甜菜与癌

苏联学者认为，甜菜汁能促进健康细胞的生成，防止癌细胞的生成。

甜菜的优点有时也是缺点，即其高血糖含量。事实是，我们摄入胆固醇后它随即变成血糖，就是众所周知的葡萄糖。在血管中，自由基诱引细胞张开，引起心脏病、高血压及糖尿病。一些胆固醇食品缓慢变成血糖，也使它很容易地使细胞接受。其他胆固醇立即变成血糖，加剧了问题的产生。

因此，甜菜被认为有可能快速增长胆固醇，但实际上这种增长是很缓慢的，一包甜菜所增加的胆固醇比一片肉还要少。

三、甜菜的食疗作用

甜菜又称为红菜头，原产欧洲的地中海沿岸，是一种两年生的根部生长植物，根部形状呈圆形、扁圆形、纺锤形等。根皮及根肉均呈紫红色，那是由于甜菜中含有甜菜红素，将甜菜横断面切好，可以看到很多漂亮的紫色环纹。

甜菜根喜欢生长在冷凉气温环境中，因此我国东北及内蒙古多有种植，是用来榨制砂糖的主要原料。近代科学研究证明，“糖萝卜”含有丰富的营养价值，还有很高的药用价值，因此被称为“宝菜”。

另一变种为黄菜头，呈金黄色。质地脆嫩，味甘甜，略带土腥味。烹饪中可生食、凉拌，或炒、煮汤，亦是装饰、点缀及雕刻的良好原料。

(一)甜菜根营养分析

甜菜根中含有碘，对预防甲状腺肿以及防治动脉粥样硬化都有一定疗效。甜菜根的块根及叶子含有一种甜菜碱成分，是其他蔬菜所未有的，它具有和胆碱、卵磷脂一样的生化药理功能，是新陈代谢的有效调节剂，能加速人体对蛋白的吸收，改善肝的功能。

甜菜根中含有一种皂角甙类物质，它能把肠内的胆固醇结合成不易吸收的混合物质而排出。甜菜根中还含有相当数量的镁元素，能调节软化血管的硬化强度和阻止血管中形成血栓，对治疗高血压有重要作用。

甜菜根中还含有大量的纤维素和果胶成分，据研究发现甜菜中有一种抗胃溃疡病的因子。在医疗实践中还有下泻功能，可消除腹中积水，缓解腹胀。此外，丰富的铁、铜、锰等元素，还能治疗贫血及中风等病。

（二）甜菜根适合人群

一般人群均可食用，糖尿病患者须慎食。

（三）甜菜根食疗作用

甜菜根味甘，性平微凉；具有健胃消食、止咳化痰、顺气利尿、清热解毒等功效。

四、甜菜的药用价值

甜菜是很好的制糖原料，还有很大的药用价值，甜菜作物的药物治疗历史比较悠久。每日至少服用甜菜汁 1 千克，分数次在饭前服用，甜菜汁的浓度至少要达到适量的相对密度才有治疗效果，也可服用甜菜制成的粉末。

膀胱癌患者服用生甜菜汁后，大多数能减轻病情并延长寿命，只有少数人产生不良反应。据统计，有很大一部分的癌症患者用生甜菜汁治疗取得了好的效果。

第四节 甜菜的广泛应用

根据甜菜栽培技术的发展，甜菜被分为糖用甜菜、食用甜菜、叶用甜菜、饲用甜菜和观赏甜菜几种。

一、叶用甜菜

叶用甜菜的叶片肥厚，叶部发达，叶柄粗长，具有较强的抗寒性及耐暑性。它可作为蔬菜食用、入药或者当做饲料。

叶用甜菜是由沿海甜菜中分离出来的，后来传入欧洲、印度、中国等地。历史记载，它是最早被人类驯化栽培的甜菜类型。有人认为大约在4000年前，叶用甜菜原始类型就在美索不达米亚地区被栽培了，大约在公元5世纪才从阿拉伯引入我国。

我国叶用甜菜主要分布在长江、黄河流域及西南地区种植。我国的叶用甜菜现已初步被划分为几种类型，即白色叶用甜菜、绿色叶用甜菜、四季叶用甜菜、卷叶叶用甜菜和红色叶用甜菜。目前，叶用甜菜在个别地区仍作为蔬菜栽培。此外，叶用甜菜由于具有抗褐斑病性、抗逆性，所以在糖甜菜或饲料甜菜育种中常被利用。然而，叶用甜菜其他的经济潜力尚有待研究、开发。

二、饲用甜菜

饲用甜菜是一种专门作为养牛、养猪用的饲料作物，属于甜菜的变种之一。

饲用甜菜块根的含糖率较低，通常仅为5%～10%，但产量较高。饲用甜菜在欧洲栽培面积较大，还有专门的饲料甜菜育种机构从事饲料甜菜品种的科学研究工作。

为避免甜菜制糖厂蒙受损失，欧洲一些国家规定饲料甜菜与糖甜菜的根皮颜色要有所区别。因此饲料甜菜育种工作者将颜色基因导入到饲料甜菜的根皮中，使目前我们看到的饲料甜菜的块根具有各种颜色。

饲料甜菜块根多为圆柱形，地上裸露部分可达整个根部的一半还要多，根沟浅，光滑，叶片较少。饲用甜菜虽然块根中糖分含量较少，不适宜制糖，但是其他营养含量较高。它含有维持家畜正常生长发育所需要的各种维生素和碳水化合物、脂肪及矿物盐类，是一种饲料加工的理想原材料，由它加工而成的饲料多汁且营养价值较高。

它作为饲料作物，在我国有较好的开发前景。特别是随着我国人民生活水平的提高，牛奶的消费量将大幅度提高，必将带动乳牛业的发展，因此饲料甜菜开发前景广阔。

此外，饲料甜菜还是不可多得的遗传资源。利用其良好的根形通过与糖甜菜杂交选育光滑根育种，或利用其丰产性基因选育丰产作物。但目前我国尚无专门的研究机构，所种植的品种皆从国外引进，尤以苏联为主。我国国内仅有个别地区少量种植。

三、糖用甜菜

糖用甜菜的主要产品是糖。糖是人民生活不可缺少的营养物质，也是食品工业、饮料工业和医药工业的重要原料。除生产蔗糖外，甜菜及其副产品还有广泛开发利用的前景。

(一)茎叶的利用

甜菜的茎叶是理想的多汁绿色饲料，除含有牲畜所需的一般营养物质外，还富含胡萝卜素，能补充多种维生素，增加其乳制品中维生素 A 的含量。甜菜茎叶还可以作为肥料还田，培肥地力，增加土壤中有机质含量。

(二)菜根的利用

甜菜的块根水分含量非常大，固形物占 25%。固形物中蔗糖占多数，非糖物质占少数。

非糖物质又分为可溶性和不溶性两种：不溶性非糖主要是纤维素、半纤维素、原果胶质和蛋白质；可溶性非糖又分为无机非糖和有机非糖。无机非糖主要是钾、钠、镁等盐类；有机非糖可再分为含氮和无氮。

无氮非糖有脂肪、果胶质、还原糖和有机酸；含氮非糖又分为蛋白质和非蛋白质。

非蛋白非糖主要指甜菜碱、酰胺和氨基酸。甜菜制糖工业副产品主要是块根内3.5%左右的糖分和7.5%左右的非糖物质以及在加工过程中投入与排出的其他非糖物质。

1. 干粕的利用

由于甜菜干粕碳水含有较高的化合物、淀粉和可消化养分，是制作精饲料的优质材料。干粕加工的精饲料因蛋白质少，发热量高，与高蛋白的精饲料及粗饲料一起使用可调节高蛋白营养平衡，风味甘甜适口性良好，是养牛业的理想饲料。用干粕加工的精饲料喂养牲畜，食用时应先加水浸泡，否则易引起牲畜腹胀。

为提高甜菜干粕的营养价值，可在干粕内添加废糖蜜及其他营养成分，制成糖蜜型或营养型甜菜颗粒粕。甜菜颗粒粕是利用甜菜干粕进一步经过加工制成的。其营养成分和使用价值与甜菜干粕相同，但更便于包装运输和管理。自20世纪80年代以来，我国甜菜颗粒粕的生产发展较快。目前国内的甜菜制糖厂大多配有甜菜颗粒粕生产线。

2. 甜菜粕的利用

甜菜粕是在制糖过程中甜菜块根经切丝浸提后所剩残渣加工而成的。甜菜粕中93%是水分，只有7%左右的干物质。干物质中含有丰富的各类氨基酸、维生素和微量元素，是养猪、养牛理想的饲料。甜菜粕经双螺旋或单螺旋压榨机压榨后再经过烘干制成干燥的甜菜。

3. 废蜜的生产及二氧化碳的利用

在制糖过程中所产生的低度糖蜜，不能再返回煮糖，此类糖蜜称为废蜜，它的产量为甜菜加工量的4%左右。

凡是用淀粉作为原料所生产的发酵制品，绝大部分可以用废蜜制取。由于废蜜价格低，产品产值高，经济效益好，因此目前我国的甜菜制糖厂均利用废蜜生产发酵制品。主要产品有酒精、丙酮、丁醇、乙醇、甘油、酵母、谷氨酸、味精、柠檬酸等。

废蜜中含有糖分、多种维生素、氨基酸及一些微量元素，可用做牲畜饲料。废蜜加工的饲料有增进食欲、帮助消化、促进新陈代谢和体质发育等功效。

4. 果胶的生产及利用

由于甜菜中的纤维素和半纤维素不能溶于水，所以在浸糖过程中它们不移入糖汁中而留在废粕内。甜菜中的蛋白质、灰分、皂素等大都残留在废粕内。因为果胶质处于与纤维素化合的状态，所以能在一定的酸碱性或适宜的温度条件下水解成可溶性的水果胶质。这种水果胶质是会影响糖的清洁和结晶的有害物质。因此在制糖过程中，通过控制浸糖温度，可使90%以上的果胶留在甜菜粕中。

从甜菜粕中提取果胶的工艺较为简单，即将甜菜粕加温、水解，再使果胶质与废渣分离便生产出初级果胶质。初级果胶质与水泥、石膏炉灰渣混合，便可生产出泡沫硅酸盐制品，达到建筑行业对保温隔热材料的技术要求，从而成本较低。该项技术工艺简单，易于操作且有利于环保，前景很好。

四、甜菜碱

甜菜碱是在欧洲被发现的，主要存在于甜菜糖的糖蜜中，其效应直到20世纪70年代才被发现。近年来甜菜碱作为饲料添加剂，在欧洲十分盛行，每年甜菜碱的需求量约达1万吨以上。甜菜碱在动植物体内普遍存在，并在物质代谢中起着重要作用，比如体内必需物质的合成，脂肪和氮的代谢，脂肪转移运输等方面。

（一）甜菜碱的化学结构及理化特性

甜菜碱在化学结构上与氨基酸相似，属于季胺碱类物质，它的外观为流动性，微棕色结晶性粉末，易溶于水，也易溶于甲醇。

（二）甜菜碱的功能

甜菜碱具有多种功能，作为一种甲基供体，它具有调节渗透压、促进动物脂肪代谢、稳定维生素、增进食欲、缓和应激、预防球虫病、提高饲料利用率等功效。

1. 甲基供体

一般认为动物体内自己不能合成甲基，需要食物中具有富含甲基的物质，这类物质称为“甲基供体”，与氮原子或硫原子连在一起的甲基是最易参与此反应的甲基群，甜菜碱就是其中的一种。

有人认为，甜菜碱可用来替代部分胆碱，作为甲基供体的来源。氯化胆碱在体内先转化成甜菜碱，才能开始提供甲基；并且在日常粮食中许多化合物，像离子载体，可以抑制胆碱在线粒体内的氧化作用，使甲基的利用率降低，故此直接使用甜菜碱更有效。

2. 调节体内渗透压

哺乳类动物的肾脏延髓中，会自动积累甜菜碱，协助细胞缓解由于渗透压加大而产生的高渗尿。

3. 促进脂肪代谢，抑制脂肪肝

将甜菜碱和胆碱分别添加到成分相同的幼禽基础日常粮食中，做对比实验，结果表明使用甜菜碱的幼禽，体内的脂肪量低于饲用胆碱的幼禽，而且肉质更疏松，味道更可口。这说明了甜菜能促进脂肪的代谢，从而抑制脂肪肝。

（三）甜菜碱与胆碱、蛋氨酸、维生素 B_{12} 之间的代谢关系

甜菜碱和蛋氨酸、胆碱一样，都是食物中甲基的主要供应源。在动物饲料中添加甜菜碱，可以减少饲料中蛋氨酸的添加量。

饲料中的蛋氨酸的添加量达到一定程度时，动物的食欲就会减弱，而如果使用甜菜碱代替部分蛋氨酸添加到饲料中，则可避免或减少蛋氨酸过量引起的不良反应。在使用甜

菜碱取代胆碱或蛋氨酸时需要注意以下几点：

(1)饲料原料中含有胆碱和蛋氨酸的量；

(2)饲料原料中有多少本身固有的作为甲基供体的物质——胆碱和蛋氨酸——可用甜菜碱来置换。

众所周知，氯化胆碱是破坏饲料中维生素的主要因素之一，因为胆碱本身的吸水性很大，而且其氯化物酸性很强，会使饲料中维生素很不稳定，而使用甜菜碱可以轻松避免这种情况。

(四)甜菜碱的毒性

如果动物过量进食甜菜碱，则有可能会出现昏迷、运动失调、呼吸异常和外观不整齐等状况。一般来讲，甜菜碱对人体和环境是无害的，大部分甜菜碱在人体内被代谢，分解时产生的氮对环境负荷极其微小。

(五)甜菜碱在养殖业上的应用

甜菜碱能提高饲料的适口性，减少饲料浪费，降低饲料系数。

1. 甜菜碱在水产饲料添加剂中的应用

甜菜碱味甜，在水产饲料中添加后，鱼虾喜欢食用，这就提高了幼鱼虾的成活率以及鱼虾的生长速度，而且甜菜碱能鱼类的嗅觉和味觉，能降低鱼身体内的脂肪含量，让鱼的肉质更加鲜美，所以被广泛应用在水产饲料添加剂中。

2. 甜菜碱在猪生长中的应用

在仔猪的饲料中添加一定数量的甜菜碱能让仔猪多吃

食，并能防止仔猪腹泻。如果在生长猪的饲料中添加一定数量的甜菜碱，就能让生长猪的日重量提高，饲料的利用率也得到改善，并且猪肉的品质得到提高。有实验证明，在育肥猪的饲料中添加甜菜碱，能使猪的眼肌面积增大，猪的后背膘的厚度降低，提高猪的瘦肉率，降低猪的腹部脂肪。

3. 甜菜碱在肉鸡生产上的应用

甜菜碱在肉鸡生产上以不同剂量取代蛋氨酸，无论在生产效能还是经济效益方面都取得了较好的效果。在肉鸡的饲料中添加一定含量的纯甜菜碱，能提高肉鸡的采食量，于此同时，肉鸡的重量也在增加。当然，喂食肉鸡的饲料利用率也有了变化，而肉鸡的肉质和脂肪含量都有了明显变化，但目前在蛋种鸡方面上的应用还有待开发。

除了在家禽、牲畜、水产品的饲料中添加甜菜碱外，在蚕业生产上，甜菜碱的应用也很广泛，在饲料中添加甜菜碱对天柞、桑蚕均有增丝效果。

不过在不同的家禽、牲畜、水产品种的饲养中，甜菜碱的添加含量是不一样的，因此添加甜菜碱的量和具体的使用方法则要根据实际情况而定。

(六)甜菜碱在今后研究中须进一步探讨的问题

1. 甜菜碱可取代部分蛋氨酸

在玉米一豆粕型饲粮中，只须添加适量的甜菜碱，而无须再补充蛋氨酸，就可满足动物的需要。尽管如此，仍然有人提出异议，认为甜菜碱提供不稳定甲基促使同型胱氨酸向蛋氨酸转化这一作用没有实际意义，因为天然饲料中同型胱氨酸含量较低。

2. 促使蛋白质的合成

甜菜碱促使蛋白合成表现在肉鸡胸肌量的增加上，关于这一点试验结果不尽相同，有人得出甜菜碱比氨基酸能更有效地提高胸肌量，但有的试验却表明甜菜碱没有蛋氨酸对胸肌量的影响大，还有的得出甜菜碱代替蛋氨酸对胸肌量无影响的结论。

3. 提高抗球虫药的疗效

甜菜碱对渗透压激变具有缓冲作用，同时也能提高细胞膜的功能，从而很好地保持肠道上皮，能达到治疗抗球虫疗效。有人认为甜菜碱在增强抗球虫药效力方面的作用可能是甜菜碱真正具有价值的领域，但研究此方面进展的并不多。

综上所述，从目前的研究情况来看，甜菜碱的主要功效有诱食作用，提供活性甲基参与机体代谢，对渗透压激变起缓冲作用，维持维生素的稳定性，等等。

第五节　科学健康食用甜菜

甜菜，不仅在工业上可以制造糖类，而且制作不同的食物还可以有不同的保健功能。下面就甜菜的一些食用方法提供给大家，供大家参考。

一、甜菜的汤类食用法

（一）英式甜菜汤

1. 原料

甜菜根、芹菜籽、葱、蒜、柠檬草、姜、薄荷叶、鸡汤、椰汁、橄榄油、柠檬汁、盐、胡椒粉适量。

2. 制作方法

(1)把柠檬草、蒜、姜、薄荷叶一起放入搅拌机搅碎，再倒入几滴柠檬汁，搅拌混合成糊酱状备用。

(2)甜菜根切丁，香葱切段。

(3)葱和芹菜籽用油炒过，再倒水用小火焖煮 10 分钟。加入刚才调好的 1/2 糊酱再焖煮一会儿。

(4)倒入一半甜菜丁和鸡汤，用盐和胡椒粉调味，用文火焖煮 10 分钟，再加入剩余的甜菜丁和椰汁，用小火煮一下。如果喜欢味道浓郁的，可以继续加刚才剩下的糊酱，盛到汤碗里后加几片薄荷叶做点缀。

3. 功效

甜菜根含有维生素 B_{12}，营养皮肤和头发；含有丰富的钾和铁，能补充体力；含有丰富的纤维素，能消除体内毒素，排除体内废物。

（二）甜菜肉汤

1. 原料

牛肉350克，甜菜根100克，土豆100克，胡萝卜100克，洋葱50克，菜花50克，芹菜100克，番茄100克，丁香5克，盐、胡椒适量。

2. 制作方法

（1）先将甜菜去皮，切成月牙形；马铃薯、胡萝卜切成大块；洋葱、花菜、牛肉均切成3厘米见方的块；番茄去皮剁碎；荷兰芹切成末，备用。

（2）炒锅上火，加牛肉，多放水，煮开后撇去浮沫，肉煮至软烂时放入各种配菜；待各种蔬菜煮熟后，加入盐、胡椒，盛入汤碗内，撒上荷兰芹末即成。

3. 功效

此菜咸鲜味美，是益气补血、补虚养身、肢寒畏冷、冬季养生调理佳品。

（三）牛肉红菜汤

1. 原料

甜菜根400克左右，白菜400克左右，胡萝卜约100克，牛肉约400克，西红柿15克，火腿15克，奶油150克，洋葱150克，油炒面25克，大蒜、白砂糖、牛油、醋精、辣椒、番茄酱、盐均适量。

2. 制作方法

(1)在进行炖汤前,需要做一些准备工作,首先要将红菜头、葱头、胡萝卜切成细丝,然后把西红柿洗净将其切成小块。

(2)在锅内放入切好的红菜头、胡萝卜、葱头、盐、糖、醋等调料精心腌制1小时。

(3)再放上牛油、干辣椒焖到微熟;放上适量的番茄酱焖至油呈红色,酱放得多少要由菜的量决定。

(4)放白菜和牛肉汤进行煮沸;将牛肉切成均匀的片状,火腿也相应地切成片状,把放入碗内微熟的材料盛上汤;浇上准备好的奶油,撒上小葱花就可以了。

(四)鹌鹑蛋肉圆汤

1. 原料

鹌鹑蛋200克,精猪肉200克,甜菜叶30克,猪油、盐、葱汁、姜汁、味精适量。

2. 制作方法

(1)鹌鹑蛋入水锅中小火煮熟捞出,入冷水中浸透,剥去壳。

(2)猪精肉洗净,切成细末,再斩成蓉入碗,加葱姜汁和少许清水,味精调匀,加少许精盐搅拌上劲,用勺舀成肉圆,入水锅里用小火煨熟,捞起待用。

(3)锅上火,倒入清汤,鹌鹑蛋烧沸,下菜叶、小肉圆、精盐、味精,少许葱、姜汁,淋入熟猪油,起锅装碗即成。

3. 功效

此菜咸鲜可口,是补虚养身、气血双补的佳品。

(五)冷甜菜汤

1. 原料

甜菜叶 150 克,奶油 50 克,鸡蛋清 20 克,黄瓜 75 克,莴笋 10 克,香菜 5 克,大葱 150 克,茴香籽 5 克,盐、味精适量。

2. 制作方法

(1)甜菜在水里煮沸至熟,加柠檬酸 3 克,冷后去皮滤汤。

(2)把甜菜剁碎与汤混合。

(3)黄瓜切丝,香芹菜、葱切末;鸡蛋清煮熟,莴苣叶在沸水中汆一下。

(4)甜菜汤放糖,加切碎的鸡蛋清、莴苣叶、葱以及黄瓜丝调上酸奶油,上桌前撒上香芹菜末。

3. 功效

此菜咸香味甜,适宜青少年食用,可以起到健脾开胃的功效。

(六)甜菜叶大酱汤

1. 原料

甜菜叶 300 克,牛肉 100 克,淘米水 6 杯,大酱 3 大匙,辣椒酱 1 大匙,大葱 1 根,蒜泥 1 大匙,精盐少许。

2. 制作方法

(1)甜菜叶要掰折茎干剥去皮,切成 5 厘米长的段。牛肉切薄片,大葱斜切成片。

(2)先炒牛肉,再放大酱和辣椒酱煸炒。

(3)倒入淘米水,烧开后放入甜菜叶、葱、蒜烧沸,加盐调好口味。

(七)大蒜胡萝卜甜菜根汁

1. 原料

小的甜菜根 2 个,大蒜 2 瓣,胡萝卜 2 个,芹菜 2 根。

2. 制作方法

将所有蔬菜洗净,将大蒜剥皮,放入榨汁机中榨汁,榨好后立即饮用。

3. 功效

这款混合汁有抗氧化剂的功效,能净化血液,防止感染,并能减低胆固醇,提高心脏的活力和人体的循环功能。如果在感冒初期就喝这款混合汁,感冒可能会好的很快。

二、甜菜的菜类食用法

(一)炒甜菜

1. 原料

甜菜叶 500 克,干腌菜 50 克,红辣椒 30 克,大蒜 10 克,香油 10 克,植物油 60 克,盐、味精适量。

2. 制作方法

(1)将甜菜老叶和筋剥去洗净，切成2厘米宽、3厘米见方的块，入沸水锅内焯水，捞出沥净水分，把干腌菜老的叶、茎摘去洗净，切成短段。

(2)小红椒去蒂去籽切成小粒，大蒜切末。

(3)锅置旺火上，放入色拉油，烧到六成热时，下入蒜末、小红椒粒、腌菜段炒香，再放入甜菜，加精盐、味精翻炒入味，淋香油，出锅装盘即可。

3. 功效

此菜口感滑嫩柔软，鲜香微辣，有调理便秘、健脾开胃、减肥瘦身之功效。

(二)糖醋红菜头

1. 原料

甜菜200克，白砂糖25克，盐2克，醋15克，味精1克，香油5克。

2. 制作方法

(1)将甜菜削去根，清洗干净，纵向切两半，然后再切粗丝。

(2)将甜菜丝放盘内，加入精盐、白糖和食醋拌匀，放在蒸锅内用大火蒸熟后取出，淋上香油即可上桌供食。

(三)花生菜脯家乡粒

1. 原料

生花生仁120克，猪肉120克，香干100克，甜菜叶60

克，青椒 50 克，柿子椒 50 克，大葱、大蒜、料酒、酱油、白砂糖、蚝油、香油、胡椒粉、淀粉适量。

2. 制作方法

(1)花生放入慢火油中炸脆，盛起滴去油。

(2)甜菜、青红椒洗净切粒，猪肉洗净切粒加入酱油、生粉拌匀，泡油待用，豆腐干用温水洗净切粒。

(3)烧红油锅，放入葱茸、蒜茸、豆腐干、甜菜，爆炒片刻，加入猪肉、料酒，将汁料徐徐加入，炒至汁干，加入青红椒、花生、葱粒即上桌。

(四)拌甜菜丝

1. 原料

甜菜叶 300 克，杏仁罐头 50 克，辣酱油 15 克，白糖 25 克，辣椒 25 克，醋 15 克，香油、盐少许。

2. 制作方法

(1)先将甜菜叶洗干净，切成丝，放入清水中烫熟，辣椒洗净切丝，开水焯一下。

(2)然后把甜菜丝、杏仁、辣椒丝放入一大盘内，加上白糖、盐、醋、辣酱油、香油拌匀即可。辣椒可以少放或不放。

(五)甜菜豆腐

1. 原料

甜菜梗 300 克，嫩豆腐 200 克，熟猪油 55 克，香菜 50 克，酱油 20 克，白糖 12 克，鸡汤 100 克，味精、湿淀粉、葱花少许。

2. 制作方法

(1)甜菜梗洗干净,用开水焯熟,切成3厘米长段,把豆腐划成3厘米见方小块,香菜洗净切成等段。

(2)先把嫩豆腐放入开水锅中小火煮4～5分钟,把炒锅调至旺火上,加油,油热倒入菜便可,炒至发软后,加入鸡汤、酱油、白糖、葱花。

(3)锅烧开时,将豆腐先用清水冲一下;烧沸时加香菜段,改小火焖2分钟后,回到旺火上烧几分钟,加味精调味勾芡、淋上熟猪油20克转动几下,盛入盘中即可。

(六)黄面瓜鱼煮甜菜

1. 原料

黄面瓜鱼500克,甜菜100克,猪油100克,味精、精盐、葱白、胡椒、姜片适量。

2. 制作方法

(1)将鱼洗净,除去内脏,切成2厘米见方的块,甜菜拣洗干净。

(2)锅上旺火,放入熟猪油20克,下姜、葱,煸出香味。

(3)再将鱼和冷水同时入锅,沸后撇去浮沫,放入猪油和其他调料,鱼熟捞出装碗,就锅将甜菜煮熟,连甜菜带汁倒入鱼碗内,即可上桌。汤汁宜宽,沸后撇净浮沫,保持滚沸,成菜汤色奶白。

(七)铁扒里脊

1. 原料

牛里脊肉几百克,西红柿、酸黄瓜、洋葱、甜菜根、青葱、柠檬、植物油、桃少许,盐、胡椒粉适量。

2. 制作方法

(1)将牛里脊切成两片,用刀拍成薄片,再用刀尖轻轻点几下,撒上胡椒粉、精盐,抹上葱头末、桃汁,腌片刻。

(2)将牛肉片蘸上油,放于净炉板上,煎至咖啡色,取出卷成卷,放盘心一边。

(3)上桌前,在盘里配放上酸黄瓜、西红柿、红白菜头、青葱段、葱头片、柠檬即成。

(八)甜菜料理

用榨汁机整理榨汁和用果汁机打味道完全不同,用榨汁机不用加任何东西就很好喝,很甜。

水果生吃怕土味者可以切薄片吃,切太大块土味重,切薄片口感清脆甘甜,或是蘸蜂蜜或梅子粉吃。

烤甜菜根切成1.5厘米大小的厚度排列整齐,撒点糖就可以进烤箱。糖加多一点,烤出来味道像蜜地瓜,糖加少一点,烤出来才吃得出甜菜根的原味。

做色拉,切薄片或刨丝,其他材料随意,也有的撒咖喱粉做甜菜根色拉。

打蔬果汁不加糖改加炼奶的口感更佳,有的水果已经够甜就无须再加任何糖或炼奶。

凤梨、甜菜根、小黄瓜三样打一起。凤梨已经够甜，不需再加糖。

凤梨、甜菜根、番石榴三样打一起，番石榴的香味与浓稠的口感喝起来超顺口的。

苹果一颗，苦瓜一条，大黄瓜一条，甜菜根一颗，凤梨两片成汁(此为糖尿病降血糖食谱)，降高血压者，可以再加两根西洋芹、木瓜、甜菜根、炼乳、柳橙、甜菜根。

打牛奶汁，加新鲜牛奶、少许的糖或炼奶。先用水与甜菜根打汁，最后再加牛奶打一小会就好，避免牛奶打太久发泡。水和牛奶比例为1∶2，口感较佳，1为水2为牛奶。

(九)凉拌甜菜根

话梅凉拌，用盐先腌一下，出水洗净后再加醋或话梅腌渍，当开胃小菜，味道酸酸甜甜。洋葱调酱，洋葱切末，加橄榄油与黑胡椒调味做成酱，再加入刨成丝的甜菜根与苹果，和胡萝卜搅拌即可食用。

泡菜，用盐先腌一下，出水洗净后，用蒜头与香油、辣椒腌渍。跟腌大头菜方法相同，将甜菜根切成薄片，姜切成薄片，把清醋、梅醋、梅子浆、新鲜紫苏叶拌匀，腌渍一晚即可。

与柳橙汁打汁，再加燕菜粉做成红色果冻，酸酸甜甜很好吃，冰过的果冻土味比较少。

把甜菜根、菠萝、番石榴、一点水果醋，喝不完时先冷冻，因为有纤维质，冻后拿汤匙舀来吃，很像吃冰沙，又有波蜜的味道。

（十）甜菜粥

1. 原料

甜菜、粳米、清水。

2. 制作方法

取新鲜甜菜200克，洗净切碎，或捣汁，加入粳米100克，两者同时放入沙锅，加入上千毫升的水，煮成菜粥，每日温服2次。

3. 效用

小儿麻疹，透发不畅，热毒下痢等症。

4. 说明

用甜菜煮粥首载于《唐本草》一书，是由甜菜和粳米加水煮成，具有清热透疹、健脾益胃的功用。

甜菜味甘性凉、清热解毒、透疹止痢，与粳米煮粥，既可扶正托邪，又可助麻疹透发，加之味甜可口，小儿喜爱服食，对体弱麻疹患儿及麻疹初起者、麻疹透发不畅者，是一种很好的饮食辅助疗法。频频服之，不仅帮助透疹解毒，还可以补充发热出汗所消耗的水分。

《唐本草》说："夏月煮粥食，解热，治热毒痢。"《本草纲目》也说："君迭菜粥，健胃益脾。"君迭菜即甜菜。

此粥含甘露醇、糖类、钾、钙、镁等微量元素。此外，尚含多种维生素、叶酸和氨基酸等物质。药理证实，它所含的甘露醇有利水作用，并有解热透疹作用。

特别要注意的是，脾虚腹泻者忌食；因此粥所含糖分较多，因此，糖尿病患者不宜服。

（十一）法兰鱼卷

1. 原料

主料：鳐鱼 200 克。

辅料：虾仁 100 克，鸡蛋 50 克，面包 50 克，荸荠 10 克，生菜（团叶）25 克，甜菜根 10 克。

调料：大葱 5 克，姜 5 克，料酒 10 克，味精 2 克，鸡油 10 克，花生油 100 克，盐 2 克。

2. 制作方法

（1）将梭鱼肉片成 7 厘米长、2 厘米宽的薄片。

（2）将荸荠切末。

（3）虾肉剁成细泥；虾泥加入味精、料酒、鸡油、精盐、荸荠末、姜米、葱米搅拌成馅；面包去皮剁成细渣；将鱼片平放，再将虾馅分摊在上，卷成卷；裹匀面粉，蘸满鸡蛋液，再黏匀面包渣待用；将鱼卷顺序放入热油中炸至金黄色，捞出放入盘中；鱼卷两侧配以生菜叶、紫菜头作为点缀。

3. 制作要诀

本品有油炸过程，须备花生油约 1 千克。

(十二)蒸甜菜丸子

1. 原料

甜菜叶500克,大米300克,猪肉500克,鸡蛋3个,淀粉少许,胡椒粉少量,料酒2克,精盐15克,葱末、姜末、味精各适量。

2. 制作方法

(1)将甜菜叶洗净剁碎、猪瘦肉洗净后,剁成茸,肥肉切黄豆粒大小的丁。

(2)猪肉放盐、胡椒、料酒、姜末、味精、鸡蛋搅拌均匀,再放入少许清水搅匀,捏成20克重的丸子40个。

(3)将丸子放入大米里,一个一个似滚雪球样使丸子全黏上大米,再轻轻地在手里搓整,随即放入蒸笼内,在沸水锅上蒸15分钟出笼即成。

3. 要点

拌馅的时候分几次加入甜菜末、葱末、肥肉丁,并不断搅拌,以使馅均匀。

(十三)意大利式甜菜酱

1. 原料

鸡高汤少量,酱油1汤匙,南瓜240克,甜菜适量,洋葱1颗,蒜4颗,百里香1茶匙,迷迭香1茶匙,罗勒1汤匙,玉米粉2茶匙,盐1/3茶匙。

2. 制作方法

(1)南瓜、甜菜、洋葱切丁、蒜切碎,玉米粉先与水调开备用。

(2)将所有材料(玉米粉除外)放入热锅中煮约60分钟，蔬菜熟软后把所有材料倒入果汁机打碎，再倒入锅中煮开，最后将玉米粉水调入酱中勾芡即可。

(十四)芥蓝头什锦丁

1. 原料

芥蓝130克，甜菜根15克，虾米15克，猪肉(瘦)150克，小米30克，盐3克，白皮大蒜3克，酱油9克，白砂糖5克，淀粉(豌豆)6克，植物油20克。

2. 制作方法

(1)将芥蓝去皮，切成小粒；大蒜切末；甜菜根、虾米用水泡一下守洗净，切成小粒；小米粒洗净。

(2)用酱油4克、白糖2克、淀粉3克、清水适量将猪瘦肉腌制10分钟。

(3)在烧热的锅里放入植物油，之后将芥蓝头，甜菜根，虾米和小米放入锅中炒熟，盛起。

(4)重新热锅，放油，将蒜末放入锅中炒出香味，然后腌好的瘦肉放入锅中炒熟。将先前盛起的芥蓝头，甜菜根等放入锅中回锅。用酱油，白糖，淀粉，清水调成汁勾芡，兜匀上碟。

3. 功效

此菜有健脾开胃，补血的功效。

(十五)拌鸡脯的做法

1. 原料

鸡胸脯肉150克,甜菜根25克,黄皮土豆50克,番茄25克,青豆10克,酸黄瓜25克,胡萝卜15克,黄瓜50克,鸡蛋50克,团叶生菜25克,苹果50克,白砂糖5克,盐3克,味精1克,胡椒粉2克,沙拉酱100克。

2. 制作方法

(1)将胡萝卜切成小片,苹果去皮核切小片,黄瓜切小片,生菜15克切小片,一半西红柿切小块后放到盘子中,用适量的沙拉酱、盐、味精、胡椒面拌匀。然后放入鱼形的盘中,并摆成树叶形。

(2)将鸡胸脯肉煮熟(煮时带一节小骨头),把带膀根与鸡脯相连的一段小骨头片成大薄片,整齐的放在树叶形菜码的边上。

(3)把一些沙拉酱随意的挤在鸡脯上。

(4)将甜菜根切成细末,用盐、水、白醋、白糖焖熟;土豆切粗条;将剩余的酸黄瓜切三尖块、红柿切大片、生菜切大片、鸡蛋切桔瓣块,分别依次整齐的摆在鸡脯周围即成。

3. 功效

这道菜的特色是口感鲜香,甜咸味,色泽美观。有健脾开胃的功效,可作为家常菜,让孕妇、青少年食用。

(十六)甜菜肉片粥

1. 原料

甜菜根 100 克,火腿肠 50 克,米饭(蒸)200 克,鸡蛋 50 克,茼蒿 20 克,酱油 10 克,盐 3 克,胡椒粉 2 克。

2. 制作方法

(1)将鸡蛋摊成蛋皮,切条;茼菜洗净,备用。

(2)将肉片一面撒上盐、胡椒粉和淀粉,放上紫菜叶,卷起后用牙签固定。

(3)在锅中倒入适量的油加热,放入肉卷煎熟。

(4)把剩余的调料(高汤 4 杯、酱油)倒入锅中煮开,再放入白饭,肉卷和茼蒿叶,用大火煮 2 分钟。

(5)最后,放入蛋皮就可以了。

3. 功效

这是一道主食,煮好的粥散发着清香味,有益智补脑的作用,适宜患高血压的人群食用。

(十七)美味甜菜根

1. 原料

中等大小的甜菜根 6 个;鸡汤或低钠鸡汤适量;苹果醋 60 毫升;丁香 3 颗;香菜(芫荽)籽 8 颗;黑胡椒籽 8 颗;多香果粉 1/4 茶匙;大蒜 1 瓣,糖 1 茶匙;黄油或人造黄油 1 汤匙(根据食用方法不同选择是否加入黄油)。

2. 制作方法

(1)将甜菜根去皮,每个切成4份。

(2)甜菜根、鸡汤、醋、丁香、香菜籽、胡椒籽、多香果粉、大蒜和糖一起放入锅中,以中火煮沸。转小火,加盖,焖35分钟,或至甜菜根略变软,盛起备用。

(3)剩余的汁液再煮5分钟,或收干至60毫升,放入黄油拌匀(也可以不放),浇到甜菜根上,即可食用。

3. 这道甜菜根可以凉吃或热吃,如果要在冷藏后食用,做菜时,则不须加入黄油。

(十八)甜菜豆腐丸子

1. 原料

甜菜125克,鸡蛋黄2个,豆腐200克,干淀粉适量,油600克,精盐、味精、花椒粉、葱、姜汁各适量,椒盐一小碟。

2. 制作方法

(1)把甜菜洗净,煮熟,捞出控水,切碎;豆腐压成泥。

(2)再往豆腐泥、甜菜碎块内加蛋黄、精盐、味精、花椒粉、葱、姜汁、干淀粉和匀。

(3)然后用手挤丸子,下入六成热油中,炸至外壳稍硬捞出。

(4)再下入八成热油中,炸至金黄色即可捞出,装盘,配椒盐食用。

第二章　我国高糖甜菜种植品种及前景

高糖甜菜，顾名思义是含糖量比较高的甜菜，它的主要用途是制糖。自20世纪初我国开始种植糖用甜菜至今100多年间，我国的甜菜制糖业从无到有，从弱到强，经历了无数风雨。

第一节　高糖甜菜的优良品种

由于我国地大物博，各个地区的气候环境也存在着很大的差异。我国的甜菜种植根据不同地区不同气候要求，进行合理分配种植。有很多不同的甜菜品种，如新疆以进口的德国KWS系列和华单等系列为主；黑龙江省以甜研系列和双丰系列为主；内蒙古自治区以内甜系列和包育系列为主。

一、甜研7号

（一）品种来源

“甜研7号”是我国农科院甜菜研究所育成的多粒二倍体、高糖、优质、抗病型甜菜新品种，先后通过黑龙江、国家农作物品种审定委员会审定。

（二）特征

甜研7号的苗期长势较强，叶丛斜立，后期张开角度较大。根圆锥形，根头较小，根沟浅，根皮光滑。种株枝型以混合型为主，种子千粒重近30克。

根体含糖率高，工艺品质好，平均含糖率可达16%以上，根中有害非糖成分较低，能抗褐斑病，耐根腐病，对白粉病和黄化毒病亦有一定抗性。

（三）适宜地区

吉林、黑龙江、内蒙古东部中部地区，山西大同、甘肃张掖和新疆石河子等地区。

（四）技术要求

适时早播，及时疏苗、定苗。保苗约每亩几万株，施农家肥约几千克/亩、磷约5千克/亩作基肥，种肥磷约5千克/亩，繁茂期之前追施尿素约10千克/亩。制种田的母根栽植行株距的间隔应保持一致。

二、甜研303

（一）品种来源

甜研303是适应生产需要而育成的高糖、抗病型多倍体品种，由同一母本四倍体品系甜425与父本甜202品系杂交而成的。生产上应用其杂种一代优势。

(二)特征

甜研 303 含糖率高,全国 8 省区的区域试验中,平均含糖 16.2 度;抗病性强,对根腐病和褐斑病有较强的抗耐能力,对丛根病、白粉病和黄化毒病亦有较好抗性。在多雨、内涝地区或年份仍可获得较高产量和含糖率;产糖量高,适应性广,综合经济性状优于国内外多倍体品种。

平均每亩根产量约 1997.7 千克,含糖率比国外品种提高 1~6 度,褐斑病情降低 1~2 级。

(三)适宜地区

适宜在黑龙江、辽宁、内蒙古、宁夏、新疆等地大面积种植。

三、甜研 304

(一)品种来源

甜研 304 是适应生产需要而育成的高糖、抗病型多倍体品种,与甜研 304 系同一母本即四倍体品系甜 425 与父本甜 217 品系杂交而成,生产上应用其杂种一代优势。

(二)特征

304 品种具有含糖率高、抗病性强、产糖量高的特点。甜研 304 平均含糖 16.5 度,对根腐病和褐斑病有较强的抗耐能力,对丛根病、白粉病和黄化毒病亦有较好抗性,适应性广,在多雨、内涝地区或年份仍可获得较高产量和含糖率,综合经济性状优于国内外多倍体品种。

该品种平均每亩根产量约1997.7千克。

(三)适宜地区

已在黑龙江、辽宁、内蒙古、宁夏、新疆等地大面积种植。

四、甜单302

甜单302是由我国农业科学院甜菜研究所育成的单胚雄性不育多倍体品种,1999—2001年参加黑龙江省甜菜品种区域试验和生产示范试验,表现优良,达到甜菜新品种审定标准,是高效育种技术与优异亲本创新相结合的有利证明,并于2002年3月通过黑龙江省农作物品种审定委员会审定,正式命名推广。

(一)品种来源

甜单302是由二倍体单胚雄不育系TB6—ms与四倍体品系甜408—3杂交而成。母本单胚不育系与四倍体父本按3∶1比例制种,只取母本不育系的单胚种子用于生产。甜单302亲本单胚雄不育系TB6—ms来源于日本,具有美国血统。

经同步改良后,单胚二系的育性和胚性仍保持原亲本特性,单胚率与不育率非常高,采种株枝茎粗壮,抗倒伏,采种量提高。

甜单302父本甜408—3是从早年诱变的四倍体品系甜

408 中经单株系号选择分离而成的，来源于波兰的 CLR，抗病性强，含糖率高。

（二）特征

甜单 302 根形为圆锥形，根皮白色，根沟较浅；叶丛直立，叶柄细长，叶形呈舌状，叶色绿，叶片中等，叶长 20 多厘米，叶宽 10 多厘米，叶柄长近 30 厘米，株高近 60 厘米，繁茂期叶片数为 30～36 片，生长期约为半年。种球千粒重为数十克。

该品为高糖型单胚雄性不育杂交种，单胚率与不育率相当高，抗病性强，含糖率高，杂种优势强，丰产性好，较抗褐斑病和根腐病。

该品种属于优质、高糖、丰产、抗病品种，可少用农药和化肥，从而达到节省能源、节省资金、减少环境污染的目的。

平均根产量每亩约几万千克，含糖率约为 17.3%，产糖量每亩约达到几千千克。

（三）适宜地区

黑龙江省友谊、讷河、依安，新疆昌吉、奇台，内蒙古包头、扎兰屯等地。

（四）技术要求

甜单 302 适宜在黑钙土及苏打草甸土地区种植。在生产中应制定合理的轮作度，确保轮作年限，避免重茬。

精细整地，增施有机肥，秋季深翻、深松，适期早播，确保苗全、苗齐、苗壮；合理密植，东北甜菜生产区，种植密度以6.5～7.5万株/公顷为宜。

及时进行田间管理及病虫害防治。制种时，母本与父本按3∶1比例栽植，栽植密度每公顷约为几万株，确保父母本花期一致，提高种子发芽率。授粉结束后，及时割除父本，只留单胚种株。

五、双丰 309

(一)品种来源

双丰309是甘肃省甜菜研究所从德国引进亲本选育杂交而成的，适合于各种机械和人工播种。

(二)特征

出苗整齐，幼苗生长健壮，根部长得大又快，根茎大，含糖约为18%，一般每亩产约10千克左右，是制糖业或喂牲畜的理想品种。

(三)技术要求

双丰309甜菜种子播种期在4月中旬左右，地膜栽培时基肥要深施。单种每亩用种1.5～2千克，单种密度为40厘米×25厘米，套种密度为50厘米×25厘米，每穴播种3～5粒，播种深度2～3厘米，如地表干土层较厚，应深开沟，浅覆土，保证种子播种在底墒层。

在中等肥力条件下，以每亩施农家肥约4000千克左右，硝铵约15千克以上，颗粒磷肥近100千克，硼钙钾宝颗粒复合肥约20千克为基肥；每亩施硝铵约30～40千克作为追肥，5月20日左右第一次灌水，6月10日左右第二次灌水，并追加硼钙钾宝约20千克，6月底追肥必须完成。

7月后喷施甜菜增产糖微肥2次，如硼锌钙氨基酸或磷酸二氢钾，9月下旬之后禁止灌水。苗期若发生虫害，用锐隆喷施叶面和地面。

六、宁甜202

（一）品种来源

“宁甜202”是宁夏甜菜糖业研究所在重丛根病地进行鉴定试验中获得的耐病材料，采用混合杂交、连续抗病压力选择，并结合北育南繁等方法，筛选出RhC2—103和S91Rh3两个耐病品系，然后进行自然杂交而成。

（二）特征

宁甜202品种主根发达，根体较长，呈圆锥形，根沟长，根皮为白色，质地细致；叶丛直立、紧凑，叶面平滑，叶缘锯齿形，叶为深绿色，叶片犁铧、舌形，叶柄细长，叶数中等，植株较高。出苗整齐，幼苗健壮，生长前期较慢，中后期叶丛茂密，功能叶片寿命长，叶绿素含量高，对丛根病、根腐病的抗性特强，对黄化毒病也有一定的耐性，抗褐斑病性一般。块根产量高，含糖较高，产量质量稳定性好，适应性广泛，属丰产性稳定、适应性广的标准偏丰产型多粒二倍体品种。

平均亩产约为4372.1千克，平均含糖约为13.72%，平均每亩产糖约598.9千克。

(三)适宜地区

该品种不但适宜在宁夏、甘肃和新疆的水肥充足和土壤疏松的地区种植，而且也更适宜在轻中度丛根病病区种植，平均亩产约为3041.4千克左右，平均含糖约为14.56%左右，平均每亩产糖约419.9千克左右。

(四)技术要求

宁甜202品种在宁夏的适宜播期为3月下旬～4月上旬。定植密度一般在5000～6000株/亩，收获期在10月中下旬。播前要精细整地，使地势平坦，无坷垃，保持土壤水分充足。播深3厘米左右，播后视墒情及时镇压，保证全苗。

该品种喜肥水。排灌畅通、土层深厚疏松的栽培条件更利于该品种的块根产量和含糖率同步增长。每亩可施用农家肥4000千克以上，碳氨、磷肥各40千克左右，再配合磷酸二铵5～10千克；定苗时视苗情追施尿素15千克，如果是丛根病地可追施磷肥或二铵，不追氮肥为好，以促使糖分正常积累。全生育期灌水不超过三次，中后期雨量充足时应免浇第三水，要严格控制灌水次数和氮肥用量。生育期间要及时防治病虫害，严禁在甜菜生育期掰叶子，从而确保高产高糖。

七、内甜抗 202

（一）品种来源

该品种是内蒙古自治区农牧业科学院甜菜研究所在 1999 年以抗丛根病自交系 HBB—1 为母本，丰产耐丛根病自交系 AB8301 为父本，杂交选育的多粒型二倍体抗丛根病杂交种。

（二）特征

该品种块根圆锥形，根体较长，根肉白色，根沟较浅；叶片大，叶暗绿色，叶丛斜立，叶柄较短，功能叶片寿命长。亩产量约为 4235 千克，含糖率约为 16.67%，产糖量约为 705.97 千克/亩。

（三）适宜地区

内蒙古及周边甜菜种植地区。

（四）技术要求

应选地势平坦、中等肥力以上的土地。播种量约为 1.5 千克/亩，种植密度每亩上千株为宜。播种时施种肥磷酸二铵约 10 千克/亩，定苗后追施尿素约 7.5 千克/亩。苗期防虫，中期加强田间管理，后期防病。

八、内甜抗 203

（一）品种来源

该品种是内蒙古自治区农牧业科学院甜菜研究所在

1999年以丰产抗丛根病自交系HBB—3为母本，丰产抗丛根病自交系AB19/120—19E为父本，杂交选育的多粒型二倍体杂交种。

（二）特征

块根圆锥形，根体较长，根沟较浅，根肉白色；叶片较大，叶暗绿色，叶丛斜立，叶柄较短，功能叶片寿命长。抗病指数中强。

每亩产量约为3000千克，含糖率约为15.72%。

（三）适宜地区

适宜内蒙古巴彦淖尔市、呼和浩特市、兴安盟、赤峰市地区种植。

（四）技术要求

选地势平坦、中等肥力以上的土地，播种量约为1.5千克/亩，种植密度5000～6000株/亩为宜。播种时施种肥磷酸二铵约10千克/亩，定苗后追施尿素约7.5千克/亩。苗期防虫，中期加强田间管理，后期防病。

九、内甜单1

（一）品种来源

该品种是内蒙古自治区农牧业科学院甜菜研究所在2001年以单粒雄性不育系N9849为母本，抗丛根病自交系N98122为父本，杂交选育的单粒型二倍体雄性不育杂交种。

（二）特征

该品种圆锥形，根皮白色，根肉白色，根沟浅；叶丛直立，叶片舌型，叶色绿色，功能叶片寿命长。抗根腐病、褐斑病、黄化毒病及立枯病性较好，抗丛根病性较好。

（三）适宜地区

适宜内蒙古巴彦淖尔市、呼和浩特市、兴安盟、赤峰市地区种植。

平均亩产量约 4273.5 千克，产糖率约为 18.15%，产糖量平均约为 752.15 千克/亩。

（四）技术要求

选地势平坦、中等肥力以上的土地即可。播种量为 1.5 千克/亩，种植密度 5000～6000 株/亩为宜。播种时施种肥磷酸二铵 10 千克/亩，定苗后追施尿素 7.5 千克/亩。苗期注意防虫，中期加强田间管理，后期防病。

十、ADV0420

（一）产品来源

该品种是荷兰安地公司用雄性不育母本和可育父本单交选育而成的。母本是单交种，衍生不同的多芽二倍体群体，父本衍生自 1 个二倍体多芽群体，每个群体经过几个世代选择和重组而获得。

（二）特征

块根呈圆锥形，根皮白色，根肉白色，根沟浅；叶多犁铧型，叶丛斜立，叶浅绿色。抗根腐病、褐斑病、黄化毒病及立枯病性较好，抗丛根病性较好。

亩产量约为4445千克，含糖率约为15.67%，亩产糖量约667.9千克。

（三）适宜地区

适宜内蒙古及周边甜菜种植区种植。

（四）技术要求

内蒙古西部地区的适宜播期为3月下旬～4月中旬，在内蒙古东部地区的适宜播期为4月上中旬。栽培密度应在5500株/亩左右，避免过量施用氮肥，耕层要达到25厘米以上，以深施甜菜专用种肥和追肥为宜，杜绝大水大肥。

十一、H5304

（一）品种来源

该品种是由荷兰安地公司培育、包头华资实业股份有限公司甜菜所用雄性不育母本和可育父本单交选育而成的。母本是单交种，衍生自不同的单芽二倍体群体，父本衍生自1个二倍体多芽种群体，每个群体是经过几个世代选择和重组而获得的。

（二）特征

H5304块根呈圆锥形，根皮白色，根肉白色，根沟浅叶片舌型；叶丛直立，叶片较窄，叶柄居平均状态，叶色绿色，叶面相对平滑。抗根腐病、褐斑病、黄化毒病及立枯病性较好，抗丛根病性较好。

亩产量约为5228千克，含糖率约为16.82%，平均亩产糖量约858.7千克。

（三）适宜地区

适宜内蒙古巴彦淖尔市、呼和浩特市、兴安盟、赤峰市地区种植。

（四）技术要求

内蒙古等地西部地区的适宜播期为3月下旬～4月中旬，在东部区的适宜播期为4月上中旬。栽培密度应在5500株/亩左右，避免过量施用氮肥，耕层要达到25厘米以上，以深施甜菜专用种肥和追肥为宜，杜绝大水大肥。

第二节　我国高糖甜菜种植前景

近几年，我国甜菜制糖市场面临着国际糖价低迷、进口压力大和国内甜菜收益低、农民利益得不到保障的双重问题。因此，整改在大刀阔斧地进行着，未来的甜菜制糖业发展潜力还很大。

一、选用新品种

品种是甜菜生产中重要的生产资料之一，优良的种子是甜菜丰产高糖的内因。要按照不同的甜菜产区的生态、生产条件搞好品种布局，加快品种更新换代的速度，缩短品种的使用周期，要严格执行品种繁育和推广的有关制度，加强品种的繁育和流通领域的监督、检验及管理。

种子出售时，售出单位应有种子产品合格证，合格证上应标明品种名称、发芽率、含水率、净度、种子生产日期等。对于繁育、出售假冒伪劣种子的单位和个人应严肃处理、绳之以法。对进口的国外种子和推广的新品种要进行引种试验，以保证推广高糖甜菜新品种。

二、政策扶持

为了发展糖用甜菜制糖业，不仅要有国家政策的扶持，企业更要有保护农民积极性的政策。只有维护了农民基本利益，才能保持他们的种植积极性，从而提高作物的产量和质量。

只有提供优质高糖甜菜，才能保证制糖企业的产品品质、节约生产成本、增强企业竞争力，从而使企业立于不败之地。如企业可以和种植甜菜的农民签订合同，春播时，可向农民预付一定的甜菜收购款，在化肥、农药的价格上给农民一定的优惠。

甜菜加工后，企业还可供给农民甜菜丝或甜菜颗粒粕作为家畜饲料。企业要以质取胜，以诚待人。

三、基地建设

甜菜生产基地是保证甜菜生产发展的重要前提。生产基地的种植形式，使得所需要的农作物能够集中种植，集中打理，收获的甜菜会更多。我国的甜菜产区主要在东北、华北、西北等地。

我国在甜菜生产基地建设上主要采取稳定东北、大力发展西北的策略。对甜菜产区的地方政府提供财政支持，设立专项资金用于基地建设和专项技术措施，同时地方政府在人力、物力上应给予支持。

加强甜菜生产基地的专业人员和农民的科技水平，推广先进的栽培技术，科学种植甜菜，提高产量和含糖量。

四、把握新技术

甜菜的单位面积产量由平均单株重和种植密度决定。所以，合理密植是提高甜菜产量的关键措施之一。在合理密植的基础上要以保苗为中心，精耕细作，加深耕作层，提高播种质量。春旱时应坐水种，以提高保苗率，为甜菜增产打下基础。

同时，要进一步推广甜菜纸筒育苗和地膜覆盖栽培技术、大垄双行地膜覆盖栽培技术。多年的甜菜生产实践表明，这些先进的甜菜栽培技术，可延长甜菜生育期，一般可增加甜菜产量一小半。

甜菜的含糖率是决定产糖量的一个重要因素，要合理施肥，提倡施农家肥，增施磷肥，控制氮肥用量，这是全世界甜菜生产国稳定甜菜含糖率的有效办法。

近年来，很多甜菜种植区使用甜菜增糖剂，以提高甜菜含糖率，使用增糖剂方法简单、用量少、价格便宜，农民易掌握，一般增糖 0.5 度以上，效果良好。

我国实行超级原种、原种和生产用种三级良种繁育制。在黄淮流域土地冻层在 30 厘米以内地区，当年播种培育的母根多在田间原地越冬，翌春采种。

由于东北、华北、西北地区冬季气候寒冷，将培育的春播和夏播母根在秋收后置入窖内储藏，翌年春季土地解冻后移栽田间采种。

加工和用途：先将块根切成细丝，通过热水浸出糖汁，然后用碳酸法清净，经脱色、蒸发、结晶、分蜜等制出白砂糖，再加工成绵白糖。

另外，还要注意疏通边境贸易渠道、扩大境外市场，这也是发展我国甜菜制糖业的重要渠道。由此可见，只要把握了上述几点，我国糖用甜菜的市场前景仍然广阔，发展潜力仍然巨大。

第三章　高糖甜菜通常的种植技术

种植高糖甜菜的时候，我们要按照一定的程序来进行操作，才可以提高产量，增加效益。

第一节　高糖甜菜的育种

丰产、高糖分和抗逆性是高糖甜菜育种的主要目标。育种的主要方法有选择育种和杂交育种。在杂种优势利用方面，瑞典、联邦德国、波兰、法国等在 20 世纪 70 年代均采用二倍体亲本与四倍体亲本甜菜杂交获得多倍体杂交种子，其在生产上的播种面积约占播种总面积的 90％以上；美洲国家则多利用自交系杂种。

为了获得优质和高产的甜菜种子，必须根据甜菜种根的生长特点，采用科学的育种技术。

一、选地整地

高糖甜菜种株生育期短，属再生根系，必须选择肥沃的、有灌溉条件和前茬未施过豆磺隆、普施特等农药的地块作为繁种和采种地。要求地势平坦或略低洼一些，pH 值为 6～7，过酸或黏重的土壤对甜菜生长不利。育种地必须实行秋整地，同时施足基肥，以腐熟的厩肥为主，每亩施 4 立方米，过磷酸钙 50 千克。耕翻深度几十厘米。耕翻后立即整耙平起垄。有灌溉条件的地块，应在上冻前灌封冻水。

二、栽植种根

种根出窖应在栽植当日出窖，出窖后即栽植，以防风吹日晒，萎蔫失水，影响出苗。出窖时应修削发芽过长的种根，如有根尾腐烂应削掉腐烂部分，然后抹上草木灰消毒，以待栽植。

栽植时间一般在当地春季，土壤化冻了 15～20 厘米深即可栽植。

在适宜栽植期内，宜早栽不宜晚栽。早栽可以提高出苗率和抽薹率，种子产量较高。种根栽植越晚，出苗率和抽薹率越低，致使种子产量降低。这是因为种根耐冻性较强，即使出现短时间低温，也不会冻坏种根。同时早栽也有利于种根的春化。晚栽气温较高，易解除春化从而造成抽薹率下降，顽固株和无效株增多。

在垄上挖 20～25 厘米深坑，坑距较大，然后施入种肥，每个坑内施有机细肥 500 克、混合磷氮化肥 10～15 克，与土拌匀，随后栽植种根，根头要低于地面 3.5 厘米，种根要栽正踩实，根头上覆土 1.3 厘米。严防栽倒和栽歪，种根不能露顶，也不能覆土过厚。

栽植时必须集中人力和物力，做到随出窖、随修削、随栽植。

根据土壤条件、施肥多少、有无灌溉条件、种根大小等情况确定栽植密度。一般垄距 60～70 厘米，株距40～60厘米，每亩栽植上千株。

三、田间管理

种根栽植后，要及时进行检查，对栽植过深或覆土过厚的种根及时扒土，以利出苗。及时挖出栽后不出苗的种根，随后进行补栽，以保全苗。

除草要做到"紧三遍"，即第一次耕除草应在种根出苗后及时进行，做到深松，不上土、不压苗；第二次中耕除草应在抽薹初期；第三次应在蕾期，这次应上土封垄，以防种株倒伏。

追肥灌水结合，第二次中耕每亩追尿素 15～20 千克，推延追肥时间易造成种株徒长。有条件的地块，视土壤墒情确定是否灌水。一般全生育期灌 3 次水，第一次在叶丛期轻灌，第二次在抽薹后期中灌，第三次在开花期灌透水。

种株摘尖分两期进行，摘主薹尖是在主薹长至 20 厘米左右时进行，摘尖愈短愈好。摘花枝尖是为控制花枝的无限生长，减少营养消耗，促进种子饱满，熟期一致。人工摘花枝尖在盛花期进行，每种株至少摘 10 个以上的花枝尖，摘尖长度在 1 厘米以内。

四、防治虫害

甜菜种株盛花期，常发生甘蓝夜盗虫危害，由于甜菜本身味道就会有一定的甜度，所以特别容易受到虫害的侵蚀。虫害会咬食幼叶和花蕾，造成减产。为了降低损失，把害虫消灭在 3 龄之前，一般采用敌杀死配成 2000 倍液进行喷雾即可。

第二节　高糖甜菜的播种

优良品种是获得高产优质的基础。新中国成立以来我国已陆续培育成了一批适应不同地区自然条件的高糖甜菜优良品种。各地应选择适合本地区的品种种植。

目前，我国甜菜种子市场还不规范，一些打着“优良品种”的招牌的假冒伪劣种子也在推销。因此，选购甜菜种子一定要慎重。最好是直接向品种育成单位或有信誉的国营甜菜种子公司购买。

一、选种

病害较轻的地区应选丰产高糖型品种；而病害多发地区应首选抗病性强的高糖品种；干旱地区应选择耐旱性较强的高糖品种；盐碱地应选择较耐盐碱性的高糖品种；北方高纬度地区应选择生育期短及抗当年抽薹性强的高糖品种。

根据我国当前采用的甜菜种子质量标准，生产用甜菜种子的基本质量要求是：种球直径在 2.5 毫米以上；纯洁率较高；发芽率为二倍体品种不低于 75%，多倍体品种不低于 68%，遗传单粒品种不低于 70%，丸粒种子不低于 80%。各类品种种子的水分应低于 14%，色泽要求 80%以上种子为黄色、黄绿色或黄褐色。黑褐色、黑绿色或有发霉气味的种子属于不合格种子。

二、发芽率检测

凡购进的高糖甜菜种子，一定要及时测定其发芽率。否则不经检测就播种有可能导致甜菜的歉收，更又可能导致绝产，会蒙受无法估计的经济损失。

(1)种子发芽率的测定。随机选出有代表性的种球 400 粒，分成 4 组，每组用纱布或粗棉布包好，放入 40～50℃的温水中浸泡 1～2 小时，再把水温降至 25～30℃，让种子发芽。发芽后每天随时拣出发芽的种球，并用 30℃左右的温水冲洗

1遍，以抑制发芽的物质。

(2)累积5天、10天内发芽的种球数，分别按下面的算式计算发芽势和发芽率。

发芽势等于发芽初期即5天内正常发芽种球数占供试种球数的百分数。

发芽率等于发芽终期即10天内所有正常发芽种球数占供试种球数的百分数。

三、播前种子处理

一般在播种前用福美双或敌克松拌种，用药量为种子重量的0.8%；或用福美双与土菌消的混合剂拌种，用药量仍是种子重量的0.8%，用于明显地防治甜菜立枯病。

播前用石滚或碾米机碾压碎球，除去种球上的木质花萼，使种球表面光滑，由黄色变黑褐色，并除净杂物。

四、浸种和拌药

浸种和拌药是播种前的重要步骤，做好这一步，才能让种子更健康，这是增产的重要措施。这里主要介绍两种方法。

(1)每100千克碾好的种子加水90千克。水分三次加入，第一次用水45千克，拌匀堆闷，种子上盖塑料膜或湿麻袋6小时；第二次用水25千克，拌匀再堆闷6小时；第三次用水 20 千克，加入 1 千克 7.5%的甲拌磷，拌匀堆闷 12 小时，然后将种子摊开晾至半干即可播种。

(2)先在 100～150 千克水里加入 75%的甲拌磷 1 千克，均匀搅动，然后将碾好的甜菜种子倒入药液中，浸泡一天以上，每隔几小时搅动一次，浸泡结束，捞出种子，晾至半干即可播种。

五、播种期

由于我国各甜菜种植区自然条件不同，甜菜的播种期也不完全一样。甜菜的适宜播期主要应按当地气候条件确定，当早春连续 5 天 5 厘米深处土壤日平均温度达到 50℃以上时，即可播种。

黑龙江和内蒙古东部地区的适宜播种期为 4 月中、下旬；内蒙古中西部为 4 月上、中旬；新疆除焉耆地区为 3 月上、中旬外，大部分地区在 4 月上、中旬。

适时早播可延长甜菜生育期，是甜菜获得丰产高糖的重要措施。试验证明，在适宜播期内，播种晚 1 天，每亩地块根就减产，最多可达 50 千克。因此，一定要根据当地气象条件，适时早播，不误农时。但应当注意的是，在终霜晚、风害严重的地区，不可盲目早播，一定要使甜菜出苗后避免风、冻灾害。

六、播种量

甜菜的播种量随种植密度、播种方法、整地质量、种子质量及墒情等因素影响而有所变化。一般每亩地用种量为1～1.5千克，如果种植密度大、整地不好、干旱、种子发芽率较低，就应多播些；相反，就适当少播些。点播可比条播节省许多的种子。如果采用机械磨光种或包衣种，每亩地1千克即可。

第三节　高糖甜菜的栽培技术

在各种条件都具备的同时，我们就要进行一定的栽培技术了，其实高糖甜菜的栽培技术也有一定的章程要循。

一、选地及轮作

(一)甜菜的选地

土壤供给甜菜生长所需要的水、肥、气、热等状况如何，与甜菜块根的膨大和糖分的积累关系极为密切。高糖甜菜种植最好选择平川地、平岗地。干旱地区可选排水良好的二洼地。因为甜菜耐涝性差，土壤含水量过大易感染根腐病，所以要避免在低洼地种甜菜。而应选择潜在肥力高，有机质1.5%以上，盐碱不大于0.4%，土层深厚，结构良好，保肥水能力强，具有便利灌溉条件的土壤种植甜菜，这是获得高产、高糖的基础。

地下水位高、降雨量大的地区应采取高畦或大垄栽培。甜菜最好种在中性或微碱性土壤上。如果土壤酸性过大,即pH 值在 5 以下,应施用石灰等碱性材料中和酸性。

(二)甜菜的轮作

合理轮作是高糖甜菜获得优质高产的重要措施。其道理有三条:其一是各种作物对土壤养分吸收的比率不同,换茬可以调整土壤养分供应状况;其二,可以减轻病虫危害;其三,改善土壤结构,提高土壤肥力。

由于甜菜类的普遍特点是根系强大、吸肥多、生长期长,从土壤中吸取的营养物质及水分远远高于其他作物,所以甜菜更容易发生各种病虫害。因此,甜菜最忌连作或隔年连作,即所谓的重茬和迎茬。重茬、迎茬甜菜不仅块根产量、质量严重下降,而且易导致病虫害、特别是根腐病的发生,并会逐年加重。

甜菜最好的前作是麦类作物、油菜、亚麻等复收作物。这些作物吸收肥料少,生长期较短,土壤残肥较多;同时收获后能进行伏耕灭草,有利于土壤熟化,地力恢复快,杂草较少。

大豆等豆类作物也是甜菜的良好前作。豆类作物根部的根瘤菌可固定土壤中游离氮,土壤氮素水平高,有利于甜菜生长。但豆类作物茬口的缺点是地下害虫主要是蛴螬较多，尤其是隔年豆茬，地下害虫可造成缺苗而减产，严重的甚至要毁苗改种别的作物。因此，豆茬种甜菜必须加强防虫；同时，豆茬地氮素水平高，应控制氮肥过量，注意增施磷、钾肥，避免引起茎叶徒长，降低块根含糖率。

此外，马铃薯、玉米、棉花等作物也是甜菜较好的前作。

由于甜菜需肥量较多，因此在种过甜菜的地块种其他作物会造成营养不良。如种玉米、高粱时常出现“红苗”现象；种大豆会贪青晚熟。这主要是由于种甜菜时施肥不足，造成土壤中氮、磷、钾三要素比例失调。解决这一问题的关键是种植麦类和玉米为宜。

由于我国各甜菜产区自然田间不同，轮作方式也不尽相同，在轮作周期，一般地区为 4 年；褐斑病、黄化病毒发生地区应 5 年以上；在根腐病发生严重地区，应实行 6 年以上轮作；从根病地区实行 8～10 年以上轮作。

二、耕地及整地

（一）甜菜的耕地

甜菜是深耕作物，要求土壤疏松，透气、透水良好，水肥供应适宜，杂草少。为达到上述要求，甜菜地的深耕整地是必不可少的。深耕的好处是：能够疏松土壤、扩大耕层，增加土壤的通透性；通透性增加可提高土壤蓄水能力，增加土壤蓄水量，有利提高地温；深耕还可以消灭田间杂草，增加土壤中有机质含量，扩大耕层，甜菜根系可以得到伸展，扩大吸收水分及养分的范围，加速植物的生长。深耕的增产效果显著，一般可增产很多。

甜菜适宜的耕翻深度因各地气候、土壤及机械化水平不同而有所差异。一般应达到 20～25 厘米；在有条件的地方深耕 30 厘米，结合增施有机肥，增产可达 30%以上。据报道，国外甜菜根翻深度一般都在 30～50 厘米。

在土层较薄的地块或盐碱地，为避免深耕时把犁地层为熟化土壤或盐分高的土壤翻到表层而不利幼苗生长，可以采取深松的办法。深松也有深耕的效果。

甜菜耕地的时间，可分为伏耕即夏耕、秋耕和春耕 3 个时期。前作为麦类、亚麻、油菜等夏收作物的地块，一般采用伏耕；前作为玉米、大豆、棉花等晚秋作物的地块，普遍采用秋耕。北方地区秋收晚而当年不能进行秋根的地区，一般第 2 年春季进行春耕。一般来说，以伏耕效果最好，秋耕好于春耕。

甜菜耕整地目前普遍采用机引犁。应根据耕层厚度确定耕翻深度。一般应达到 20～25 厘米，深松应达 35 厘米。耕地时应做到深度一致、行下直，不乱土层，不漏耕，不重耕，较少开闭垄，不漏地边、地头。

采用畜力耕地，在黑龙江省等垄作区，提倡“三犁川”耕地方法。即用畜引犁在原垄沟内深耕一犁，然后用犁破开原垄，把土推入旧垄沟内，原垄台变成新垄沟；最后在新垄沟再深耕一犁，把犁起的土集中到新垄台上，形成新垄。

（二）甜菜的整地

在深耕或深松的基础上进行整地。用耙或耱破碎土块、平整地面、疏松土壤，保储水分。耙地以对角线和横向耙地最好。耙深约为 5 厘米，一般耙 2 次，土块多的地块应增加耙地次数。总之，要达到土壤细碎、疏松、保温、保水，为甜菜种子提供适宜的苗床。春整地最佳时机是土壤返浆期，做到翻、耙、压连续作业。

在内蒙古河套等平作区，秋翻地后应立即磙、耙、耖保墒。早春地表刚一解冻，立即“定凌耙墒”，以减少水分蒸发。如果墒情差，播前进行磙、耙、耖连续作业，多者达两磙、两耙、三耖，以利于土壤保墒。

新疆种植区冬季无雪、少雪或地下水位低的地方，应先耕后灌，使土壤保蓄较多的水分；冬季有雪或地下水位高的地方，应先灌后耕，并控制灌水量。

三、高糖甜菜的耕作形式

（一）垄作

垄作是我国东北和内蒙古地区主要的耕作形式。这种形式适合于当地生长期短、气候冷凉、夏季多雨的自然条件。近些年来，内蒙古中部和新疆部分地区也已采取垄作。垄作与平作比较，可增产10%以上，含糖率高0.5%～1%。

垄作的优点是：耕层厚、沃土和肥料集中，利于根系发育和块根膨大；垄作土壤受热面积大，地温高，有利出苗；垄能减弱风力，防止风害和土壤风蚀；土壤通透性好，可调节水、热、气状况，有利于有益微生物生长；可改善土壤营养状况；垄作中耕培土的同时也消灭了杂草；垄作有利排水，可减轻涝害及根腐病的发生；同时坡地筑横垄还可防止土壤被水冲蚀。

垄作形式有随播随起垄、先起垄后播和平播后起垄3种。随播随起垄是按确定的行距播种，同时用中耕铲在播种行间起垄。平播后起垄是按确定的行距播种，甜菜出苗后，结合行间中耕培土逐渐成垄。上述两种垄作中，甜菜的播种部位均与平作相同，保墒较好，有利出苗。但地温回升慢，发苗慢，垄低，苗易受风害，块根产量低于先起垄后播种的。

先起垄后播种是典型的甜菜垄作形式。起垄时期最好是伏耕秋起垄；其次是秋耕秋起垄；来不及秋耕整地的，可采取春耕起垄，为防止土壤跑墒，应做到起垄、镇压连续作业。

甜菜垄作的行距一般为60～66厘米，有条件的地区应推广50厘米行距，这是提高单位面积的甜菜种植株数，提高产量和含糖的有效措施之一。垄高一般为12～15厘米。

（二）平作

我国西北甜菜区普遍采用平作栽培甜菜。平作的优点是，地面热、蒸发面积小，有利土壤保墒；与其他作物轮作时容易改变行距，实行合理密植，可以不像垄作那样受原垄行距的限制；不用起垄，比较省工；便于实行机械作业。在旱区，平作比垄作有明显增产效果。

（三）畦作

畦作是我国多雨或地下水位高的地区精耕细作的一种耕作栽培方式。其做法是在深耕的基础上，于播种前开沟作畦。

畦作的优点是，畦面不易积水，畦沟又可排水，可避免涝旱；畦上土壤疏松肥沃、土温较高有利于甜菜生长；可以合理密植，畦沟有利通风透气；畦沟还可作为田间步道或排灌水的渠道，便于田间管理；在低温盐碱地，采用多行畦作，既可排水，又可减少土壤水分蒸发，防止返碱。

畦作又可分为平畦，高畦，平畦后起垄，小畦、深沟双行，宽畦双行大小垄几种类型。

1. 平畦

适用于雨水较少的干旱地区。按行距 40～50 厘米种植，4～8 行作畦，畦埂高 28 厘米左右，畦长因地势而异，以有利灌溉为原则。平畦保墒好，便于耕作。缺点是不利排水，雨后或灌水土壤易板结。

2. 高畦

按行距 40～50 厘米种 4～6 行作畦。畦床一般高出地面约为30厘米，长度不限，以有利排出积水为度。畦沟深，大致同畦高，宽28厘米。高畦适用于多雨或地下水位高、土壤湿度大而黏重的地区。畦上土壤疏松，沃土集中，土温较高，有利于甜菜生长。

3. 平畦后起垄

作畦方法与平畦一样。甜菜出苗后，结合中耕培土逐渐形成垄。其优点和平播后起垄耕作形式相同。

4. 小畦、深沟双行

北方地区也叫高台大垄双行种植。整地时按两畦沟相距1米作畦床，把畦沟上的土翻到畦床上，畦床高33厘米左右，畦沟底宽40厘米，每畦种2行甜菜，行距40厘米，株距20～25厘米。在高温多雨或地下水位高、易涝地区，这种方式有利排水防涝，并能有效防止或减轻根腐病的发生。

5. 宽畦双行大小垄

按畦宽2米作畦，开沟，畦上种4行甜菜；在两行中间开一小畦沟，把大畦变成两个小畦。小畦内甜菜行距33厘米；两小畦间甜菜行距66厘米。这种方式的优点是畦间距离大，可充分利用光能，还便于田间管理，作畦比较省工。

四、播种技术

（一）播种形式

因各地机械化水平不同及播种所用工具的不同，主要采用条播和点播两种形式。

1. 条播

机械化水平较高的地区用机引播种机；机械化水平低的地区用畜力播种机或旧式耧、耙等进行条播。

条播的优点是，播种深度一致，行距相同，覆土均匀，出苗整齐，播种效率高。在春季干旱地区，采用耖种时要踩底、播前对种床镇压及播后对垄顶镇压，以利保墒。机械播种时，应用排种器，容易造成漏播而出现缺苗。机播过程中，要注意随时清除开沟器上附着的泥土、残茬等杂物，以免影响播种深度或堵塞排种管。

2. 点播

点播也称穴播，是垄作区普遍采用的播种方法，多采用人工刨埯播种。

在起好的垄上，按 25～27 厘米的株距刨出种穴，每穴播 6～8 粒种子，然后施农家肥。如果施化肥，应先施与种子下方几厘米。为有利于种子萌发，土壤较干时，播种前应先踩一下底格子即在穴内用脚尖轻踩一下；严重干旱时，应采取“做水埯种”的办法，即刨埯、施肥、浇水、播种、覆土。

点播的优点是节省种子，播种穴内可施种肥，能充分发挥肥效。缺点是播种效率低，用工量大；种子集中，间苗费工且容易伤根；苗期虫害重时，易造成缺苗。

（二）覆土及镇压

1. 覆土

覆土厚度要根据整地质量及土壤适度来确定。

整地质量较好、湿度适宜的土壤，覆土厚度一般为 3～4 厘米；如土壤黏重、含水量大，可覆 2～3 厘米；而土壤干旱，则应 4～5 厘米。

2. 镇压

播种后，为使甜菜种子与土壤紧密接触及有利土壤下层水分上升，应及时进行镇压。

镇压的时间、次数及轻重，也要根据土壤孔隙及含水量来决定。如果土壤较黏、含水量较大，可轻轻镇压或过几天后再镇压；相反，如果土壤干燥疏松，孔隙度很大，其后又干旱，就应播后马上镇压，而且程度要重些。

镇压的方法，用机械播种的多采用环形镇压器镇压；用耧播种的平作区多用石磙或木磙镇压；东北地区春季较干旱，一般在播种后，人工用脚在播种行上踩 1～2 遍，然后再用木磙镇压 1 次。镇压后要及时检查土壤是否返润。如果土壤还很疏松、种子没接触到湿土，应再进行镇压，一定要使种子及上层干土与下层湿土紧密相接，有利下层土壤水分上升，使甜菜种子尽早发芽、出苗。

五、灌溉及排涝

高糖甜菜是一种需水较多的作物，它的身体大部分由水构成，新鲜茎叶含水率达 85％～90％，块根含水率可达 75％左右。甜菜植株在生育期的不同阶段的耗水量是不同的，幼苗期耗水量最少，约占生育期总耗水量的 11.8％～19％；叶丛快速生长期和块根糖分增长期耗水量最多，约占生育期总量的一半以上，整个营养生长的第 1 年每亩地约需水几十万千克，分积累期耗水量约占生育期总量的 1/3。如果在叶丛快速生长期和块根糖分增长期时田间缺水，将会造成高糖甜菜的糖分减少、严重减产。

在降水量较充足的地区，靠自然降雨基本可以满足甜菜兑水分的需求；在较干旱的地区，则必须通过灌溉来满足甜菜兑水的需求。

(一)高糖甜菜的灌溉方式

高糖甜菜的灌溉方式根据灌溉时期的不同，可分为蓄水灌溉和生育期灌溉。

1. 蓄水灌溉

蓄水灌溉的目的是在土壤储存较多的水分，以备种子萌芽及幼苗生长的需要，一般在秋收后或春播前进行灌溉。

在干旱少雨又多风的地方种植高糖甜菜，如新疆、内蒙古等地区，则均需进行蓄水灌溉。秋冬蓄水灌溉比春播前灌溉的效果更加显著。因为秋冬季节气温低，水分蒸发量少，灌水后土壤因封冻而保持较多的水分；次年春天地温回升比较快，可适时早播；深入土壤深层的水经冬春冻化，土壤变疏，有利根系生长；同时还可使越冬害虫及病菌窒息。

秋冬灌溉的灌水量以每亩 80～100 立方米为宜。灌溉时期一般在 10 月中下旬、11 月中旬为宜。灌水应逐垄缓灌，使水分均匀送入地下；严防大水漫灌，因为漫灌不仅浪费水资源，也难以灌溉均匀，达不到灌溉的目的。不具备秋冬灌溉条件的地区，可采取春播前灌溉。春播前灌溉也可起到抗旱保苗的效果。

春灌一般在播种前半个月内进行。每亩灌水量 70 立方米左右。灌水后，当土壤刚出现龟裂时应马上进行耕耙作业，力争适时早播，以延长甜菜生长期。

2. 生育期灌溉

不同生育期的甜菜需水状况也不同，需要根据各个时期植株的需水状况进行灌溉。

(1)苗期灌溉。高糖甜菜苗期需水量小，只需土壤水分供给就能满足幼苗生长需求，一般不必灌水。苗期灌水不利于甜菜幼苗株根深扎。

(2)叶丛快速生长期灌溉。高糖甜菜需水量最大的时期就是这一时期。定苗追肥，蹲苗 1 周，如果无降雨，则应立即灌溉，灌溉水量为每亩 20～30 立方米。为防止灌水过量引起茎叶徒长，可采用隔行灌水的办法。

（3）块根糖分增长期灌溉。此时高糖甜菜已封垄，需水量非常大，要求土壤含水量达到最大持水量的70%～80%。虽然此时我国北部地区正是雨季，降水一般可满足甜菜生长的需要，但干旱年份及西北栽培区仍需灌溉。一般灌水2次，每次每亩灌水40～60立方米。

（4）糖分积累期灌溉。收获前的30～40天，高糖甜菜需水量减少，对要求土壤含水量要求降低，仅维持在土壤最大持水量的一半以上即可。如果水分含量低于这个水平，就需要灌水。一般可灌1次，干旱时期长的话，可灌2次，每次每亩灌水以30～40立方米为宜。在甜菜收获前10～15天应停止灌溉。这是由于新叶生长会消耗体内已积累的蔗糖，从而降低甜菜块根品质。

甜菜灌溉时期的灌溉次数应和灌水量互相配合。但一般标准就是使土壤适度保持在田间最大持水量的60%～70%即可，这样可以保持高糖甜菜生长兑水分的需求。但要根据各地的具体情况，适时、适量、合理地灌溉。

（二）高糖甜菜的灌溉方法

高糖甜菜的灌溉方法和甜菜栽培方法有关。目前，除少数有条件的地方采用喷灌等机械灌溉方法外，大部分地区的灌溉仍主要采取畦灌和沟灌。灌溉后地面易形成板结层，应及时结合中耕松土破除板结层，以利通气保墒。

1. 畦灌

采取畦灌方法灌溉，应在播种前修整好畦沟、畦埂和灌水干渠、毛渠。畦的长度、宽度要适当。一般畦宽 1.8～4 米左右，畦长要根据地面坡度大小和土壤质地确定。播种后，畦的一端应修筑输水渠与毛渠相通。

灌水前根据水量大小修好拦水坝。每畦的进水口大小及开放时间应根据灌水量及土质而定。如沙性土进水口，开口应小，时间应长，做到细水长流，水渗得深；相反，进水口可开大些，水灌得快，水渗得浅。水灌到畦长 90%时将进水口封死，使畦内余水流至末端刚好均匀渗完。

2. 沟灌

沟灌是指在重视高糖甜菜的行间开沟灌水。沟灌能节约用水，减少土壤板结。沟灌又分为普通沟灌和浸润沟灌两种。

普通沟灌时，水沟的设置及规格要根据地面坡度及土质等因素确定。地面坡度在 0.25%～0.5%时，最适宜沟灌。沙质土、坡度小的地块沟长可短些；而在土黏、坡度大的地块沟长可长些。一般长 80～150 米，沟灌地甜菜行距一般为 50～60厘米，沟深 15～20 厘米，沟上口宽 30～40 厘米。

灌水时一定要控制住流量，一般将流量控制在 0.3～1 升/秒为宜。分渠应同时引水，以减少单沟流量，另外还可采用逐沟灌和隔沟灌的办法调节灌水量，并按水量大小控制灌水沟数。严禁大水漫灌。

另一种沟灌方法是浸润沟灌，即以小水流灌，让水在土壤中渗透，提高土壤的含水量。

这种方法的优点是水分渗入多，蒸发量小，可减少灌水次数，节约用水，降低成本。浸润灌溉时土壤渗水一般可达40～60厘米，多者可达80～100厘米。浸润灌溉的灌水量可用木板制成的水量调节板来控制，无调节板时也可用麦秸把或草把代替。灌水时随时注意不要让杂物堵住调节板的放水孔，以保证各沟灌水量一致并同时结束灌溉。当各沟灌水接近苗行末端时，即应堵住输水渠的进水口，取下水量调节板，放于未灌溉的地块，继续灌溉。

3. 喷灌

喷灌也称为"人工降雨"，原理是利用水泵把水压入特制的喷头，喷洒到空中形成细小水滴，均匀降落田间，以达到灌溉的目的。

喷灌有灌溉均匀，土壤板结轻，地温降低不显著，节省水资源及能源等优点。同时喷灌还能改善田间小气候，增强光合作用，使甜菜增产。经喷灌的块根产量可比沟灌提高18.9%，比未灌溉的增产1/3以上，含糖率提高1%左右。但是喷灌次数与气象条件有密切关系。

（三）高糖甜菜的排涝

高糖甜菜较耐旱而不耐涝。因为其块根长期处在土壤中，故对土壤有较高的要求，尤其是对土壤通透性要求比较高。如果土壤含水量过大，会抑制块根生长，且易引起根部腐烂，造成严重减产。一些低洼地种植的甜菜，因地下水位高，积水不易排出。因此，这些地区及时排涝是高糖甜菜生产中的一项重要工作。

排涝是通过排除地面过多的积水并降低地下水位以达到控制土壤含水量的目的。在盐碱地排涝，还可起到降低土壤盐分含量的作用。

排涝的方法因各地气候条件及耕作方式不同而有较大差别。

降雨量大、地下水位高的地区一般采用挖排水沟排水或高畦种植，以利排水。排水不良的平作地块，畦要窄，排水沟要深，以便很快排除积水。也可采用排灌两用渠来排水，即把灌水渠的灌水沟挖深，使其末端和排水沟相通。做到干旱时可从水渠引水灌溉；遇涝时可随时排除积水。另外，垄作也能排水防涝，洼地除应实行垄作外，还应在地头挖好排水沟，随时把垄沟内积水排出。

地下水位高的地区，可采用超深松及高台大垄双行或3行种植的耕作方式，即在宽100～140厘米的大垄上种双行或3行高糖甜菜。种双行时，大垄宽100厘米，苗行距25～30厘米；种3行时，大垄宽120～140厘米，苗行距30厘米。这两种种植方式比单行种植的密度增加15%～20%，块根增产近1/3，含糖量有所提高。这种方法防涝、排涝效果显著。

六、施肥

（一）高糖甜菜的需肥特点

高糖甜菜需肥量较大，高糖甜菜对氮、磷、钾的需要量一般比谷类作物分别多1.6倍、2倍和3倍。每生产1000千克甜菜块根，约需氮素4.5千克、五氧化二磷1.5千克、氧化钾5.5千克。在甜菜丰产的情况下，要增加施肥计量。

甜菜为深根系作物，所以吸肥力强。甜菜出苗时幼根扎根土中15厘米；出苗一个月后主根可深达60厘米；到收获时，百叶甜菜主根入土可达2米以上，根系庞大，纵横交错，侧根可斜伸于地面长约60厘米左右，支根长达50厘米。这种结构可以使高糖在甜菜吸收耕层养分的同时又吸收到深层养分。

甜菜从有机肥中吸取的磷或钾可达自身需求的1/3；从化肥有效成分总量中可吸取较多的氮、较少的磷和一半以上的钾。所以每生产1千克高糖甜菜的块根，需施1千克左右优质的农家肥。

高糖甜菜吸肥时间长。甜菜的一生，从苗期直至糖分积累时期需大量养分。甜菜在幼苗期生长缓慢，吸肥不多，约占甜菜一生吸收养分总量的15％～20％。苗期虽吸肥量不大，对肥料却很敏感，如果这个时期幼苗缺肥造成的损失是无法弥补的。特别是磷，在苗期起着至关重要的作用。

高糖甜菜在叶丛快速生长期，因叶量迅速增多，块根快速生长，所以需要大量的养分。这时期高糖甜菜吸收氮量占它一生吸氮总量的70%、五氧化二磷为40%、氧化钾为47.5%。因此，在高糖甜菜的叶丛快速生长期需追施速效性氮肥，配合适量的磷肥。

高糖甜菜的块根糖分积累期，对氮的需要量显著减少，不超过甜菜一生吸氮总量的9%，这是因为高糖甜菜的地上部分和块根的增长变慢。但糖分的形成和向块根输送，则需要大量的磷、钾肥，所以这时期对磷、钾肥的吸收仍保持较多的数量，吸收的磷占甜菜一生吸磷总量的一半，钾占1/3以上。在块根的糖分积累期进行根外追施磷、钾肥，对提高甜菜含糖量有良好的作用。

甜菜要有合理的施肥量，甜菜的合理施肥要根据甜菜的吸肥规律和特点进行科学施肥，要因地因土施肥，以产定肥，要实行农家肥同化肥相结合，氮、磷、钾三要素同微量元素相配合。

甜菜施肥量的确定，主要考虑块根的目标产量及土壤基础肥力状况。此外，也应考虑甜菜的品质类型、栽培技术水平等因素。

甜菜对土壤速效氮、磷及钾的利用率比例均匀；对当年施入的化肥的利用率为氮25%～50%、磷10%～18%、钾40%～60%。这些数据可作为确定施肥量时的参考。

（二）高糖甜菜不同时期对养分的吸收

高糖甜菜不同的生长时期所需营养成分不尽相同，需求量也有所差异，所以在施肥时不应以偏概全，而应区别对待。

1. 幼苗期

高糖甜菜的幼苗期需要吸收的养分相对较少，约占整个营养生长阶段总吸收量的15%～20%。但是这个时期高糖甜菜对养分却很敏感，尤其对磷肥，因此播种时施一定量的磷、氮肥，对根系的发育及幼苗生长非常有益。

2. 叶丛快速生长期

高糖甜菜的叶丛快速生长期是甜菜生长最旺盛的时期，此时施肥是为了加快叶丛生长、延长叶片寿命，为块根增长打下基础。这个时期高糖甜菜对氮、磷、钾的需求量急剧增加。因为这个时期高糖甜菜对氮、磷的需求量非常大，对氮的吸收量约占整个生育期的一半左右，磷和钾可吸收量在整个生育期占的比例也比较大。为保证高糖甜菜对各种养分的需求、尤其是氮、磷的需求，适当增加施肥量是非常重要的。

3. 块根糖分增长期

这个时期高糖甜菜的生长特征是，块根增长量逐渐达到最大值，根中含糖量迅速增加，生长中心由地上部分转移到地下部分。此时，甜菜对磷、钾需求量增多，对氮素需求减弱。氮、磷、钾的吸收量约占生育期总吸收量的35%，40%和

25%。

4. 糖分积累期

这个时期高糖甜菜的生长特征是，块根含糖急剧增加，可达到每10天含糖率增加1%，而地上部的叶子生长缓慢以至停止。此时甜菜对磷、钾的需求仍然很高，吸收量约占生育期总吸收量的15.4%和24.8%，但要控制氮素水平，防止叶子过分生长，消耗大量光合产物、降低块根含糖和品质。

(三)高糖甜菜的施肥技术

为了将肥效充分发挥，应根据高糖甜菜不同时期的需肥特点、土壤特性及肥料性质等采取不同的施肥技术。

1. 基肥

基肥俗称底肥，是种植高糖甜菜最基本的肥料。

基肥多为农家肥，即厩肥、绿肥、堆肥等有机肥，同时配合使用一定量的无机肥。磷肥做基肥深施，有利于提高磷的利用率，使磷分布在根系密集区；钾肥做基肥深施，可保护速效养分，减少速效养分损失，还可降低土壤深层积累氮产生的不良影响。基肥应在翻耕整地时施入。翻地前，将农家肥与化肥混合，均匀地撒于地面，之后机械翻耕；垄作地区，结合起垄施入基肥。

2. 种肥

由于高糖甜菜种子的种仁较小，所含营养物质较少。因此，苗期如不补充一定的营养，幼苗不能茁壮成长，会导致幼苗长得细弱，抵抗力低下，不耐风害及病害。将磷肥作为种肥施入，能显著促进幼苗根系发育，增强吸收能力，并增强幼苗的抗旱及抗病能力。

盐碱地可使用过磷酸钙做种肥，过磷酸钙既能中和土壤碱性，减轻盐碱危害，又能改良土壤的结构。但种肥用量不能过多，一般应为整个生育期施肥量的 13%～14%。而且，具体地块种肥种类及用量一定要根据土壤营养含量来确定，做到缺什么元素就施什么肥。

中等肥力地块，一般磷肥做种肥每亩施用量为 2～4 千克，氮肥用量应在每亩 5 千克以下。施用化肥时，一定注意施于种球侧下方 4～5 厘米，避免与种球直接接触，以免出现“烧苗”和氨中毒等现象。

3. 根部追肥

追肥是针对高糖甜菜某个生长阶段要素提供不足或缺乏某种元素时，补充适用的速效性肥料。在水肥易流失的地块，更应及时追肥。追肥以氮肥为主，适量配合磷肥。

追肥的时期主要指从定苗后到叶丛快速生长期这一段时间。此时，高糖甜菜对营养需求剧增，基础肥效还没能充分发挥，而种肥的养分已被大量消耗，应及时补充速效营养。注意追肥时期不能过晚，以免引起甜菜茎叶徒长，影响块根的增长和含糖量。

追肥的次数及用量应根据土壤肥力、基肥及种肥的多少和高糖甜菜的长势来确定。一般肥力中等，长势较好的地块，自叶丛快速生长期始，每次每亩追施尿素 10～20 千克即可。在基肥不足、长势不好的地块或丰产田，一般可追 2 次，第 1 次在定苗后追肥 5～10 千克；第 2 次在封垄前结合中耕培土再施 5～10 千克。

目前多采用的追肥方法是人工追肥。即在距甜菜种株 3～5厘米处，用锄头刨 5～7 厘米深的坑，施入化肥后覆土。机械化水平较高的地区可采用复式中耕基侧施肥或追肥机调施追肥，深度 10 厘米。追肥后结合灌溉，更能充分发挥追肥效果。

4. 根外追肥

根外追肥也称叶面追肥。高糖甜菜不仅可以利用根系吸收各种养分，而且能够通过叶细胞吸收低浓度的营养液。根外追肥可提高块根产量 10％左右，含糖增加 0.2～0.8 度，产糖量增加 10％以上。在甜菜块根糖分增长期进行根外追肥，效果最显著。

进行根外追肥，一定要严格控制肥液的浓度。一般过磷酸钙浓度为 2％～3％；硫酸钾为 0.6％～1％；磷酸二氢钾为 0.2％～0.3％；微量元素为 0.2％～0.3％。肥液用量也应根据叶丛大小而定。苗期少喷些，叶丛快速生长期可多些，一般用量为 20～40 千克/亩。喷肥应选择晴朗无风天气，在露水干后进行；中午阳光过强、叶子萎蔫时不宜喷肥。

（四）高糖甜菜对各种养分的需求

甜菜生长过程中除需要氮、磷、钾等常用元素外，也需要硼、锰、铜、锌、钼等微量元素。无论缺少任何元素，甜菜都不能正常生长。

1. 常用元素

（1）钾。高糖甜菜是喜钾作物，因为钾是高糖甜菜吸收最多的元素。钾能促进高糖甜菜的输导组织正常发育，调节新陈代谢，促进有机物的合成和转化。因此，钾对块根糖分积累十分重要。钾肥过多时，甜菜块根坚硬，不易切碎，糖汁糖蜜含量增加且含有很多泡沫，但会降低出糖率。

（2）磷。磷能促进高糖甜菜根系发育，对块根增长、糖分形成和运输起着重要作用。磷还可提高甜菜的抗旱性和抗寒性，提高甜菜产量，增强块根的质量和耐储性。但是它对磷肥反应特别敏感，因此施用时需要注意。

（3）氮。氮能促进高糖甜菜的茎叶生长，提高叶片活力，延长叶片寿命，增加叶片中叶绿素的含量，增强光合作用，提高块根产量。缺氮时，高糖甜菜生长受抑制，叶片形成缓慢，叶片数量减少，叶片早衰且颜色泛黄。但氮肥过多，会造成甜菜茎叶徒长，根、叶比例失调；有害氮含量增加，不仅会降低块根产量，减少产糖量，也给加工造成困难，而且还会减弱甜菜的抗病能力。

2. 微量元素

(1)硼。硼在高糖甜菜生长过程中起着特殊作用,它能促进糖分的代谢和积累,有利于分生组织的形成。严重缺硼时,甜菜生长点死亡,发生心腐病,造成严重减产。

缺硼症状表现为,高糖甜菜上位叶表面或尖端枯萎部分出现白色网状裂纹,心叶最先枯萎,类似严重缺水状。继而,叶柄出现横裂纹,生长点枯死,根出现心腐症状,即所谓"心腐病"。

高糖甜菜易在酸性土壤出现缺硼现象,当耕层土壤中水溶性硼含量低于1毫克/千克时,甜菜就会出现缺硼症状。甜菜施硼具有良好的增产增糖效果,缺硼甜菜补施硼素后,症状就会很快减轻,并迅速恢复正常生长。硼素可通过基肥、种肥及根外追肥等形式施用,其中叶面喷洒用量少、见效快。

硼肥作为基肥施用,整地前按每亩0.4～0.5千克有效硼量的硼肥与干土或农家肥混匀,施于地表,结合翻耕至耕层即可,肥效可持续4年。

硼肥作为种肥施用,将硼肥与干土或化肥混匀,播种时施于播种行内,每亩用量为有效硼50克。也可用0.01%的硼酸溶液浸种。1千克种子用2千克硼酸溶液浸种1昼夜,捞出阴干后播种。

硼肥作为叶面喷肥施用,封垄后每隔2个星期喷洒1次

0.1%硼酸溶液，每亩用量40～50千克，可喷2～3次。缺硼严重的地区，要在定苗后立即喷施硼肥，以防甜菜叶早衰或出现心腐症状。对幼苗的用量应减少，用量为每亩15～25千克。

(2)锌。锌是高糖甜菜细胞内多种金属酶的组成成分，而这些酶都和光合作用有关。因此，锌对甜菜的茎叶生长和块根发育有重要作用。

在盐碱地或大量施磷肥的地块容易出现缺锌状况，因为锌和磷之间有相互阻碍、抑制作用。因此，大量施磷时必须注意同时施锌。

高糖甜菜缺锌的主要表现为邻近心叶的大叶褪绿变黄，叶脉间绿色叶消退，发生坏死，叶片明显变小，除较粗的叶脉是绿色外，整个叶变成黄褐色。

锌肥主要采用种肥或叶面喷洒的办法施用。种肥为每亩硫酸锌800克左右，或用0.1%硫酸锌浸种；封垄后进行叶面喷洒，喷洒应选择晴朗无风、叶面干燥的天气，用0.1%硫酸锌溶液喷洒，每亩喷40～50千克。

七、田间管理

一支优秀的军队，要有一位优秀的指挥官，才能管理好军队；要想种植出高产优质的作物，也要有一个优秀的田间管理者，才能管理好田地。只有用严谨、认真、负责的态度，兢兢业业去做好田间管理，才能收获高产优质的作物。所以，田间管理对高糖甜菜的种植起着尤为重要的作用。

(一)苗期管理

1. 苗期松土

播种后，地表土壤易因镇压及遇雨形成板结层。板结层妨碍空气流通，种子得不到充足的氧气，会对日后种子发芽及幼苗的生长产生影响；即使出苗，幼苗显得体质纤弱，易感病。因此，及时破除土壤板结层是苗期管理的主要任务。

松土是破除板结层的有效方法。松土作业应在田间板结层刚形成还未坚硬时进行。一般采用人工田间浅锄的方法。这种方法既可松土，也可除草；同时还具有保墒和提高地温的作用。条件允许的地方可用拖拉机牵引旋转锄机组或畜力牵引的钉齿耙破坏板结层，但要注意的是耙齿不能太稀，入土深度 3 厘米左右，耙行进方向应与甜菜行垂直或成 45 度角。

2. 风害预防

东北、西北的甜菜种植区为春季风沙害多发区。种植防风林是防治风沙危害的根本性措施。中耕起垄的办法也可以防风，即在甜菜苗出齐后，在行间中耕一次，蹚成“敞口垄”，利用耕起的垄脊减弱风力。这种方法还可起到松土灭草、提高地温的作用。

3. 查田补苗

高糖甜菜保苗率低是造成我国高糖甜菜单产低的主要原因之一。为确保出苗率，播种后应经常检查甜菜出苗情况。发现缺苗，及时补种。以漏播出及出苗后大于50厘米的断条为补苗标准。土壤墒情好时，最好催芽补种。催芽的方法是，用50℃温水浸种12小时，控掉多余水分，用湿布包好，催芽温度为30℃。当种子露白时即可补种，补种可采用人工开沟或挖穴方式。如来不及补种，可在定苗时移苗补栽。

4. 间苗和定苗

由于春季劳力紧张，目前生产上多采用间、定苗一次完成的方式，一般在生出1对真叶时开始定苗，至2对真叶时结束；若当年苗期虫害严重，可以推迟到2对真叶时开始定苗，3对真叶时结束。高糖甜菜的定苗基本要求与其他作物相同，但由于甜菜属于块根作物，故切忌留双苗。

目前我国大部分地区仍使用多粒型品种，只有少数地区使用单粒型甜菜品种。多粒型品种每粒种球一般可出3～5个芽，如果穴播6～8粒种球，则每穴可出苗20多株。甜菜间苗越早越好，因此要集中人力在最短的时间内完成间苗作业。如不及时间苗，就会导致幼苗拥挤、瘦弱、易感病。一般在1对真叶出现时开始间苗，2对真叶前结束。

间苗作业一般采用人工手锄进行。作业时要先将苗疏开，如果是条播的幼苗，每 5～6 厘米留 1 株，等苗稍大后按要求株距定苗；如果是穴播的幼苗，每穴留 3～4 株。间苗时应该去除病弱苗，留下大壮苗。培好根土，以免苗根松动、被风吹倒，对幼苗根茎造成损伤，影响幼苗生长。如苗过于紧密，应用指甲掐断，以免损伤留下苗的根系，从而感染立枯病。此外，间苗时应尽量使垄向与子叶展开方向一致，因为高糖甜菜侧根分布的方向与两片子叶展开的方向一致，这样侧根能比较充分地吸收水分和营养，有利于植株快速健康的生长。

机械疏苗、间苗在不同地区也要区别对待。平作区，主要是利用万能中耕机安装单翼锄铲组成的横向分簇间苗机组。在 60 厘米的苗行用单翼锄铲铲掉 40 厘米幼苗，再在剩下的 20 厘米苗簇中，人工选留 2～3 株壮苗。

安装锄铲应在同一水平线上，铲入土下 2～4 厘米，为了防止埋苗，可在单翼铲旁安装护苗板。在垄作区，机械间苗主要采用由圆盘断簇器组成的纵向断簇机组来完成。即顺垄每隔一段距离除掉幼苗，留下一定长度的苗簇。同时还要根据不同的种植密度及出苗情况，通过调整断簇铲的安装距离及数量来确定断簇长度和留簇长度。

间苗后 10 天左右就应定苗，即按确定株距留下 1 株苗，再把多余苗去掉。定苗是否及时同样影响高糖甜菜的生长及块根的产量，所以定苗应尽早进行，在 2 对真叶期结束。目前，一些地区由于间苗、定苗时间延后，导致高糖甜菜保苗率及壮苗率低，这也是造成块根单产不高的重要原因之一。同时，高糖甜菜在苗期常遇到各种灾害，所以为保证全苗，一般采用间苗、定苗两次作业。但是定苗的具体时间要因地制宜，如当年地下虫害较重，为避免因虫害造成严重缺苗，所以定苗期应适当延后一些。

（二）合理密植

决定高糖甜菜单位面积产糖量的三个主要要素是单位面积株数、单株块根重量和含糖率。究竟每亩地留多少株最合适，一定要根据当地实际确定一个合理的种植密度，合理的种植密度则要根据当地的土壤、气候条件、栽培技术水平及耕作习惯等综合因素来确定。

如果种植过稀，就会导致土地的浪费，高糖甜菜产量低，块根的含糖及品质下降；相反，如果种植过密，就会导致植株间通风透光不良，叶丛徒长，抢夺块根成长的养分，块根产量及含糖率低，并且易感病害。高糖甜菜适宜的营养面积为0.09～0.11平方米，合理种植密度应为每亩 6000～7000 株。

根据我国国情来综合考虑，高糖甜菜株距一般不能少于 20 厘米，行距不能少于 30 厘米，即每亩种植株数不能高于 11000 株。采用垄作或机械化作业的地区，行距可适当宽些，以 50～60 厘米为宜；平作或畦作的地区，则相对要窄些，以 40～50 厘米为宜。

行距确定后，就可以根据适宜密度算出具体地块的适宜株距了。确定适宜的种植密度,不仅要考虑行距,同时也要考虑到土壤肥力、施肥量和水分供应状况等综合因素。

在土壤肥力高、施肥多,或有灌溉条件的地块,由于肥力充足,植株生长繁茂,需占据较大空间,故种植密度应稀些;相反,土壤贫瘠、肥力少,或较干旱而又无灌溉条件的地块,植株生长受限制,个体占据空间小,故种植密度应密些。

在土壤肥力高、水肥充足的丰产田,高糖甜菜产量、含糖量下降的原因可能是种植密度过大,单株光照不足,下部叶见光少导致早衰;上部新叶不断增长,消耗大量营养,光和产物不能更多地向块根输送,导致产量不高。总之,具体地块的种植密度,应根据该地块的肥力、施肥水平及栽培条件等,在适宜密度范围上下适当浮动,浮动幅度以1000株为宜。

合理的种植密度确定后,还应有合理的植株配置方式,即确定合理的行距、株距。以保证高糖甜菜单株发育良好,既可确保目标产量,又便于田间耕作管理为确定的基本原则。在我国现有的栽培条件下,株距不应小于20厘米。

(三)中耕锄草和培土

1. 中耕锄草

中耕锄草可疏松土壤,改善土壤透气状况,提高地温,蓄水保墒,创造利于有益微生物的活动环境,锄掉的杂草腐烂后可提高土壤肥力。

中耕锄草，应该结合间苗和定苗进行，高糖甜菜封垄前进行最后一次中耕。旱作栽培区一般需进行中耕锄草几次；灌溉栽培区的中耕锄草应在每次灌水之后土壤出现板结时进行，一般进行3次以上以便破除板结层。第1次中耕锄草应结合间苗进行浅锄；第2次中耕除草应在定苗后立即进行深锄，锄干净，不漏锄；第3次中耕锄草在定苗后10天左右进行；封垄前进行最后1次。

2. 培土

培土能够改善高糖甜菜根系的生长环境，减少根头增长，提高甜菜块根品质及含糖率。

在平作区，应在锄地时随时将土培到高糖甜菜根头四周。垄作区或雨多的畦作区，则多通过中耕把犁起的土覆在甜菜根头周围。培土的厚度，以土不埋心叶为原则，并随植株增高而逐渐加大。垄作区，第1次培土时要蹚成"敞开垄"，第2次蹚成"方头垄"，第3次要蹚成"碰头垄"。注意最后一次培土不可过厚，以免抑制块根生长。

利用机械或畜力进行中耕培土时，要注意避免牲畜、机械损伤高糖甜菜叶丛。高糖甜菜收获前1个月，菜田呈现开垄状态，这时进行1次中耕锄草，可减少"青顶"，有利提高块根含糖，注意不要损伤功能叶片。

（四）高糖甜菜叶片的保护

叶是植物进行光合作用的主要器官，高糖甜菜的叶片也有着如此重要的功能。块根中的蔗糖就是叶片光合作用制造出的产物,可以说叶片是糖的合成“车间”,叶片生长的状况直接关系到块根产量和含糖率。所以,种植高糖甜菜时一定要注意保护好它的叶片,尤其是叶丛快速生长期后生出的20片左右功能叶片。

我国个别地区存在掰甜菜叶当饲料的现象,这种认识错误地认为只要掰掉地上部分的叶片,营养就会集中到块根上,促进块根增大。其实,这种认识是荒谬和没有科学依据的。盲目掰叶只会导致块根减产及含糖下降。掰叶减产的幅度与掰叶时期及掰掉叶的数量有直接关系。掰叶越早、量越多,减产越严重,含糖率下降幅度越大。

这是因为掰掉叶片,就减少了植株的蒸腾面积,必然减少根从土壤中吸收水分、营养的数量,从而影响剩余叶片的光合作用;叶片掰掉后,地表裸露,光能利用率降低,土壤蒸发量增加,易造成土壤干旱;叶片被掰掉后,植株为生存而加速新叶的生成,必然消耗大量营养,结果会导致块根增加缓慢,块根中的有机物质转化,影响蔗糖结晶的有害杂质增多;最重要的是叶片被掰掉就等于减少了生产糖的“车间”,必然会降低块根的产量和含糖率。

另外,甜菜鲜叶中含大量的草酸,用来饲喂牲畜,易导致牲畜慢性草酸中毒,严重者会因心脏、肾脏衰竭而发生死亡。因此,一定要加强对甜菜叶的保护,杜绝人为掰叶的错误做法。

八、高糖甜菜的采种

收获时期，甜菜是无限花序，成熟期不好掌握，即使同一采种田，各株成熟期差异很大。但甜菜种子有后熟作用，适当提早收获是完全可以的。

对一棵种株来说，种球变黄，即达到收获适期；对大面积采种田来说，当有种株达到收获适期时，即为收获适期。在收获适期内，早一些收获比晚收好，种子损失少。

收获方法：目前多采用手工收获，即用镰刀收割结果枝，3～5 株捆成一捆。轻拿轻放，防止落粒损失。运输车辆应铺上苫布，及时运到晒场晾晒。

晾晒脱粒：种子脱粒前要进行晾晒。如种子收获期正值雨季，要选择地势较高的场院，因为种子遇雨水浸泡容易发芽和发霉。因此，运来的种株应捆码成人字形，每天翻动一次。如果天晴，晾晒 3～4天，选好天即可脱粒。采用人工摔打或用打稻机脱粒，每天以早晨为好。第一次脱下绝大部分种球，经晾晒后，进行第二次脱粒。

清选干燥：脱粒后的种子应及时摊开晾晒，再用风车等工具进行风选，如果仍不合要求，还须采用人工挑选，使其完全达到收购标准。清选后的种子，往往含水量仍然较高，还需要进一步晾晒，达到入库含水标准 13%的，方可入库。

第四章 高糖甜菜的特种栽培技术

根据各地气候、湿度、土壤质量等因素的不同，高糖甜菜的种植方法也各有不同，除了直播以外，还有纸筒育苗、甜菜与其他作物混种、地膜覆盖种植等不同的种植方式。

第一节 高糖甜菜套种技术

一、高糖甜菜与小麦套种

(一)选地与整地

选中上等肥力，轮作 3 年以上，且 4 年未种甜菜的壤质土地。要求秋深耕 20～24 厘米，每 3 年深耕一次，突破犁底板结层，适时适量储水灌溉。播前精细整地，及时磙耙，要求达到地平、土碎、墒好。

(二)基肥

结合秋翻亩施腐熟、有机肥或碳酸氢铵，或亩施有机肥和甜菜专用肥，适量比例施肥。种肥磷二铵，小麦部分每亩 15 千克，用种肥分层播种机施入；高糖甜菜，亩用甜菜专用肥30千克或磷二铵25千克，用三腿耧或其他措施集中深种在饲用甜菜的行道上。

（三）播种

小麦选用矮秆抗倒、丰产性状好、抗病性较强的中早熟种，如永良4号、巴优1号等优良品种；甜菜种子必须选用包衣、药剂处理过的优质种子。小麦每亩带种肥磷二铵15千克；甜菜每亩带专用肥50千克。

小麦于春分前播种；甜菜于3月底4月初结合覆膜进行播种。

实行划行播种。播种小麦前，按确定的带比划行，分出小麦、甜菜种植带段，小麦先种两边，后种中间，亩播量18千克；高糖甜菜按确定的株行距三角留苗进行播种。如先播种后覆膜，则开沟点播后，顺沟行在下种处轻踩一脚，使种子和土壤紧密接触，然后覆土铺膜。如先覆膜后播种，则要提前5天覆膜，然后破孔点种。覆土后用手压实，裸种每穴5～8粒，每亩用种量约为1.5～2千克；用磨光种每穴3～5粒，大约每亩0.13～0.25千克。

（四）地膜选择

选择幅宽70厘米，厚度0.008毫米以上的地膜覆盖，一带覆两膜，覆盖地膜时要拉紧铺平，紧贴地面，压严压实。

先种后覆膜的，出苗后要及时放苗；先覆膜后播种的，要及时检查封孔土，土壤板结，要求人工碎土辅助出苗，地膜覆膜可以提高保苗率，抑制杂草，促进生长，增产增糖。

（五）田间管理

小麦田间管理同单种小麦一致。小麦长至3～4叶时浇第一遍水，结合浇水每亩追施尿素10千克；4～5叶期用杜邦除草剂，按说明进行除草；6叶展开，7叶露头浇第2遍水，抽穗期浇第3遍。扬花末期和灌浆期，分2次喷施磷酸二氢钾，每亩用量1500克，加水30千克，进行叶面喷洒。

高糖甜菜管理要立足“早”字，即早管、早促、早间苗、早追肥，高糖甜菜1对真叶时疏苗，2对真叶时间苗，3对真叶时定苗，结合疏苗、间苗、定苗，进行中耕除草，6月中旬小麦浇三水时，每亩给高糖甜菜追碳铵50千克。7月底8月初，补追尿素，入伏天甜菜不宜浇水，若干旱无雨，酌情浇水也要考虑在傍晚，以快水浅浇为宜。8月中旬和9月上旬，各浇水1次，具体情况视天气而定，但要浅浇快轮。

为防治小麦地下害虫，播前用甲拌磷乳油或锌硫磷乳油拌种，使用方法按说明进行。根据病虫测报，选用抗蚜威可湿性粉剂兑水进行喷雾，防治麦秆蝇和蚜虫。

甜菜幼苗前期主要是甜菜象甲危害，幼苗后期主要是草地螟、黎夜蛾和甘蓝夜蛾等危害，可用25%敌杀死乳油每亩40毫升和40千克的水混合喷洒。甜菜后期的虫害是二代甘蓝夜蛾，可用20%灭扫利乳油20毫升与水40千克混合，进行叶面喷雾，起到防治作用。高糖甜菜褐斑病、白粉病等，可用多菌灵将近1000倍液喷洒，防治效果良好。

（六）收获

当小麦植株变黄，茎节处微带淡黄绿色，麦粒呈现本品种原有特色时，要及时抢收，这样有利于高糖甜菜的继续生长。

高糖甜菜收获前，禁止割擗叶片，10月上旬至中旬即可进行收获。视水情、霜冻等气候条件，可适当推迟收获期。

二、高糖甜菜与孜然套种

（一）选地整地

由于孜然和甜菜适应性较强，有耐旱怕涝的特点，一般选择通透性、排水性良好的沙壤土种植即可。前茬作物可以选择小麦、玉米、豆茬、绿肥地或蔬菜地，避免用胡麻、甜菜、瓜类茬等，切忌重、迎茬。前作物收获后要及时深耕翻，及时灌水，足底保墒。

（二）基肥

第2年早春土壤解冻到10厘米深后应及时进行精细整地，以达到墒足、地平、土细等基本要求。整地时，每亩施优质有机肥3000千克，磷酸二铵25千克，或硝酸铵10～15千克，复合肥25～30千克，细沙6～10方/亩，均匀混施于土壤中。由于孜然和甜菜都易感染根腐病，3月下旬播种前一周结合整地，每亩用绿亨1号与9倍的水混合，在无风条件下均匀喷施于地表，及时耙地，深度7～10厘米左右；使土药均匀混合，然后耱平。

(三)选种

孜然选用的优质品种，一般要求选用成熟度好、籽粒大、色泽正、抗病性好的品种。播种前用赤霉素300倍液浸种4小时，然后冲洗干净，晾干播种。甜菜选用高产优质高糖的优良品种，播前将种球压碎成单粒状，用温水浸种24小时后捞出，每100千克种子用2千克稀土、1千克甲基乙硫磷、0.1千克杀毒矾或粉锈宁与适量水稀释均匀拌种，稍晾干后待播。

(四)播种

孜然先行播种，然后再播高糖甜菜。孜然实行垄作，起垄要直，垄宽50厘米，垄高10～15厘米；高糖甜菜实行平作，种2行，宽幅为40厘米，结合平作在高糖甜菜行内施入甜菜专用肥50千克/亩。

孜然在3月下旬左右播种，依气候状况，可以适时早播，每亩播种量1.5～2千克。播种时，在孜然种子中掺入适量细沙，人工均匀交叉播撒，将种子撒于垄表，撒2遍；也可用播种机浅播，行距15厘米，播深1～2厘米，播后轻压地表，使地表平整，然后在种子表面均匀覆盖1～2厘米厚的细沙层，灌水压沙，墒情好时也可以不灌水。

5厘米地温稳定通过5℃时，适宜高糖甜菜的播种，一般在4月中下旬、5月初点种结束。每亩播种量为1～1.5千克。如采用人工开穴点播，播种深度2～3厘米，播种2行，行距40厘米，株距20厘米，每穴播种4～5粒，播后应用湿土封口，确保全苗。

（五）田间管理

1. 中耕松土及间、定苗

孜然一般不需间苗，但要及时消灭杂草。高糖甜菜的间苗、定苗和普通种植时一样，即当幼苗出现两片真叶时进行间苗，四片真叶时即可定苗，留健壮大苗，除小苗，每穴留苗1株，禁留双苗，狠间苗，早定苗，每亩保苗4000～4500株。10天左右中耕松土除草1次，以利幼苗发育。

2. 灌水追肥

因为孜然和高糖甜菜都有耐旱怕涝的特点，所以灌水要采取少量多次的方法，保持地表不干旱，孜然和甜菜皆可正常生长即可。一般孜然全生育期灌水3次即可，近5片真叶时浇第1遍水，结合灌水追施尿素7～8千克/亩；开花期灌第2遍水；结实期灌第3遍水，后期叶面喷施磷酸二氢钾几次，有利于籽粒饱满，注意水量不宜多，田间积水应及时排除。

孜然收获后立即对高糖甜菜进行追肥灌水，结合灌水每亩追施10～15千克尿素或磷酸二铵，施于苗侧10厘米远处。以后每隔半个月左右灌1次水，到8月中下旬至9月中下旬块根膨大期要及时灌水，并结合灌水追施尿素，每亩15～20千克，收获前15天左右停止灌水。灌水宜少而浅，田间有积水应及时排除。在8月上中旬用磷酸二氢钾进行叶面追肥几次，每隔7天叶面追肥一次，以促进块根膨大。

3. 病虫害防治

5月下旬～6月上旬是孜然的根腐病多发期，孜然根腐病发病严重，发现中心病株应及时拔除，并用800倍液甲基托布津进行叶面喷洒防治。高糖甜菜生长期应用杀灭菊酯防治甘蓝夜蛾、菜青虫等害虫。1000倍液杀毒矾和粉锈宁混合剂灌根，或用500倍液多菌灵或800倍液甲基托布津喷洒可防治立枯病、根腐病，同时加强中耕松土，少灌或浅灌水也可以防治。

（六）收获

6月下旬，孜然的收获标准为枝叶有一半开始以上发黄，籽粒呈青黄色。收获时最好分批进行，随熟随收。收获后放在场上晾晒4～5天，待孜然果柄干枯即可打碾脱粒，收藏保存。

进入10月份，当高糖甜菜外层老叶枯黄、内层心叶散开、整株叶片松散匍匐、块根发脆时即可收获。

三、地膜甜菜与早甘蓝套种

（一）范围

适用于年平均气温大于等于10℃，有效积温几千度以上，无霜期130～150天，海拔1600米，光、热、水、肥资源充足的灌溉农业区。

（二）选地整地

以地势平坦、土层深厚、地质良好、疏松肥沃，具有井灌或库灌条件的地块为首选地块。前茬以玉米、瓜类、复种绿肥工胡麻茬为宜，轮作四年以上，忌重、迎茬。前作收后耕地前应先进行田面复平，清除杂草及深耕醒垡，熟化土壤，消灭病虫。耕翻深度20厘米，耕深犁透。每三年深松耕1次，耕深25厘米以上，以彻底打破底层。

冬灌一般在立冬后于11月上、中旬进行，要一次灌足，灌水量每亩60方左右，注意节约用水。低洼地灌水量宜小，高台地灌水量要多。

冬灌后地面出现白干状态时要耙耱保墒，早春定凌耙耱，创造细碎平整、疏松绵软、上虚下实的播种条件。

（三）基肥

基肥以有机肥为主，化肥为辅，有机无机结合，科学配方施肥。亩施有机肥3000千克以上，尿素15～25千克，或甜菜专用肥75～100千克，结合耕地一次性施入。

（四）品种选择

高糖甜菜品种选用发芽率高、纯度高的偏高产型品种。播前进行机械磨光，除去种球外围木质化的花萼，以利于播种和种子萌发。播前每100千克种子用敌克松0.8千克，闷种24小时，阴干后播种。高糖甜菜每亩定植4000～4500株，行距40厘米，株距30厘米；甘蓝株距30厘米，每亩定植2200～2500株。

（五）播种

总带宽100厘米，覆膜带宽60厘米，带距40厘米，每带种植2行甜菜，甘蓝套种在两行甜菜中间，单行栽植。

高糖甜菜在4月上旬以人工点播的方式播种，采用先覆膜后播种或先播种后覆膜两种方法皆可。如果先播种后覆膜，则覆膜与耕翻地结合进行，边翻地，边整地施肥；边播种，边覆膜。播种时先用打孔器挖穴5～6厘米，每穴点子4～5粒，覆土2～3厘米，随即覆膜。先覆膜后播种的可采用“压沙法”封口防止跑墒或板结，发生板结及时破除。

1. 苗床准备

苗床应建在避风、向阳、便于管理的田块。苗床宽1.5～2米，池深30～35厘米，每亩地需建苗床10平方米。苗床用疏松肥沃的田园土配合有机肥混合而成，填入床底10～15厘米。每立方米床土用65%代森锌粉剂60克或用50%多菌灵粉剂40克混合搅拌均匀，用塑料薄膜覆盖消毒，2～3天后揭膜，待药味挥发后，灌水渗透备用。

2. 育苗

甘蓝种子用50℃温水浸泡10小时，均匀撒入苗床，筛覆细土1厘米厚。用塑料薄膜覆盖苗池育苗，出苗后按行距6

厘米和间距 6 厘米的距离进行间苗和疏苗。

3. 移栽

甘蓝苗长到 3～4 片真叶时，于 4 月上、中旬移栽。移栽最好选择在下午 4 时以后进行，边栽边浇水，次日早晨给根部壅土，保证移栽苗成活。

4. 追肥

甘蓝莲座期、膨大期每亩分别追施尿素 10 千克，每亩分用促丰宝有机液肥 50～75 毫升进行叶面追肥；高糖甜菜看苗追肥，黄苗弱苗亩追磷酸二铵 10 千克、尿素 10 千克，7 月下旬、8 月中旬每亩用促丰宝有机液肥 300～500 倍液进行叶面追肥。

（六）田间管理

1. 放苗、间苗、定苗

对先播种后覆膜的甜菜，当幼苗贴近地膜时，及时破口放风炼苗。高糖甜菜 2～3 对真叶时间苗，4～5 对真叶时定苗，间、定苗时去弱、去小、去病苗，不留双苗。定苗后及时封口，保墒、保温、保苗。

2. 灌水和除草

甜菜全生育期灌水 3～4 次。第一遍水、第二遍水与甘蓝追肥同步进行，分别在甘蓝莲座期和卷心膨大期各灌水一次。甘蓝收获后，6、7 月份看苗情灌水 1～2 次，高糖甜菜收获 15 天后灌水。套种田忌用化学除草剂除草，田间、地埂杂草全部用人工锄草。

3. 防治病虫害

加强田间病虫害预测预报，发现疫情及时通报预防。白粉病、褐斑病可用40%灭病威或50%多菌灵50～100克兑水30～40千克喷雾防治；20%速灭杀丁10毫升兑水15千克，每隔7天叶面喷施可防治甘蓝菜青虫、菜蚜等害虫。

第二节 地膜覆盖种植技术

因为地膜覆盖技术可以有效提高地温、蓄水保墒、改善土壤物理性状、促进养分转化、抑制返盐、减轻一些草害和虫害，所以采用地膜覆盖技术种植出的高糖甜菜比普通方法种植的甜菜能获得更好的产量和含糖率。

一、功效

(一)提高地温、增加积温

地膜提高地温、增加积温的原理是，覆盖地膜后，太阳辐射光能透过地膜传入地表，使地表升温；但是由于地膜不透气，地表反射热又被地膜截留，从而减少了土壤蒸发和空气流动所消耗的热量，使地温增加显著高于裸地栽培。

高糖甜菜不同生育期，地膜增温效应不同，幼苗期到丛叶快速生长期，地膜增温效应显著；封垄后，增温效应减弱；6月底7月初增温效应明显下降；7月以后增温低于裸地甜菜。

不同土壤耕层增温效应不同，0～10厘米增温效果最为显著；10厘米以下，随耕层加深增温效应减弱。阴天、气温低和气温下降时地膜增温效果非常显著。

（二）蓄水保墒

由于地膜有良好的不透气性，土壤蒸发的水汽在膜下凝结成水珠，水珠受到重力作用落下渗入土壤表层，有效防止了土壤水分的流失，起到了蓄水保墒的作用。同时由于地膜增温效应的影响，土壤深层水分沿植株毛细管上升运行加速，显著地提高了土壤耕层含水量。地膜高糖甜菜比裸地甜菜5厘米耕层土壤含水增加32.3%，10厘米耕层增加4.87%。

（三）改善土壤物理性状，促进养分转化

地膜覆盖有增温保墒作用，同时又避免了雨水冲刷和人畜践踏，有效地防治了土壤板结，使土壤保持疏松状态，从而改善土壤物理状况。

覆膜可以改善土壤水汽热状况，有利于土壤微生物繁衍活动，加速了土壤有机质分解。地膜高糖甜菜0～20厘米耕层土壤有机质含量较裸地甜菜减少0.2%以上，速效氮可增加45%左右，速效磷增加16%左右，速效钾增加25%以上，为甜菜生长提供了良好的营养条件。

（四）抑制返盐

由于地膜覆盖栽培减少了土壤水分蒸发，减少了土壤盐碱随水上移的机会，达到了降低耕层土壤盐碱含量的目的。土壤盐渍化程度越高，抑盐作用越显著。不同土壤耕层抑盐作用不同，0～20 厘米抑盐效果最好，降低了将近一半，因此，轻盐碱地采用地膜栽培技术对保全苗十分有利。

（五）抑制杂草、减轻草害

由于膜内温度高、湿度大，可以促使杂草早发芽、早出苗。当膜内温度上升到 40℃以上时，杂草在密闭条件下会逐渐枯萎直至死亡，温度越高枯死越快，地膜覆盖对一年生杂草杀灭作用更为显著。

（六）减轻高糖甜菜病虫害

地膜对高糖甜菜白粉病和象甲虫害有明显的抑制作用。

地膜高糖甜菜白粉病发生较裸地甜菜轻，地膜甜菜白粉病发病率较裸地甜菜发病率可减轻十几个百分点。

同时，地膜栽培对防治甜菜象甲有非常明显的效果。覆膜后会改变甜菜象甲喜温热干燥的生活环境，象甲体表蜡质在高温作用下会受到破坏，导致象甲死亡。当膜内湿度接近饱和状态，温度在 40℃以下时，象甲生存时间约为一周；温度为 42℃左右时，可生存 1～2 天；膜内温度持续在 44.6℃以上时，象甲只能生存几小时。此外，由于地膜栽培高糖甜菜出苗生长发育较裸地甜菜快，避开了象甲成虫盛发期。

二、影响

(一)促进甜菜生长发育

由于地膜覆盖的综合效应,高糖甜菜生长较快,特别是苗期和叶丛快速生长期的生长速率尤为显著,株高、百株鲜重都明显多,幼苗生长量可达到裸地甜菜的 2.8 倍,干物质增长可达到裸地甜菜的 2.7 倍。6 月上旬～7 月中旬,地膜高糖甜菜增长速度最快,单株绿叶数、叶单位面积指数可达裸地甜菜的 1.4～2.7 倍。

6 月中旬地膜高糖甜菜生长发育到封行,光能利用率较裸地甜菜提高 0.75%,大大加速了生长发育和干物质积累。叶丛快速生长期,地膜甜菜干物质积累比裸地甜菜高近 2 倍。7 月中旬以后,地膜高糖甜菜生长中心逐渐转向地下部分,但仍维持较高的叶面积指数。8 月中旬地膜高糖甜菜单株绿叶数最多可达 30 片,这对提高地膜甜菜中、后期光合作用,增加块根产量和含糖率都是十分有利的。

(二)加速甜菜块根糖分增加

地膜覆盖技术可以加速高糖甜菜前期生长发育,从而提高光能作用率,继而加速干物质的积累,使得整个生育期块根增长速度均高于裸地甜菜。6 月份块根干物质重比裸地甜菜高 75.5%,由于地膜技术加速了高糖甜菜块根增长进程,因而可大幅度增产。

地膜覆盖因为促进了高糖甜菜生长发育，使其枝繁叶茂，可以生产大量光合产物，除一部分用于植株形态建成外，将更多的光合产物输送到地下，以蔗糖形式储藏于块根中。因此，在整个生育过程中，地膜高糖甜菜块根含糖率均比裸地甜菜更高，收获期含糖率可高0.4％～1.3％。

三、地膜高糖甜菜种植技术

（一）选地

应选择肥力中等、土层深厚、结构良好、有机质丰富、盐碱轻、芦苇等杂草少的土壤，以总盐量在0.5％以下，灌溉条件便利的地块为宜。前茬以麦类、豆类、绿肥、棉花为宜。

（二）精细整地

精细整地是铺好地膜的基础。精细整地必须做到土细而疏松，无坷垃，无根茬，将3垄改为2垄，垄距97～105厘米。采用大机械整地，在麦茬平翻或小垄地块进行深松、旋耕、镇压作业一次完成，春整地要顶浆进行，早春精细整地要达到墒足、地平、地净、土细等标准，为地膜甜菜生长创造一个良好的条件。因为高糖甜菜播种早，所以地膜覆盖高糖甜菜必须秋耕秋灌，灌后平好地。

（三）底肥

覆膜后追肥困难，要结合整地，一次性将全部农肥和化肥施入深松的垄底，每15亩施优质农家肥45000～60000千克，磷酸二铵、尿素各375千克，有测土配方条件的地区应采用测土配方施肥。

（四）播种期

高糖甜菜的适宜播种期为5厘米厚的苗床表土地温稳定通过5℃。由于地膜改变了土壤水热气状况，提高了土壤温度，可以比裸地直播甜菜的播种期提早近10天。

（五）铺膜配置方式

目前，市场上地膜的规格和种类都比较多，但从甜菜丰产高糖和经济有效两个方面看，选用低压高密度地膜最为理想。地膜要求为厚度5～7微米，宽度为80～90厘米，公顷用膜量约60千克。

可以采用60厘米×30厘米宽窄、一行幅播行的方式配制地膜。地膜高糖甜菜留苗密度可比裸地甜菜稍低些。株距是每亩留苗5000多株，一般土壤采取平作铺膜，地下水位高的地可以作垄铺膜，垄高5～10厘米，垄宽50厘米，垄上播双行，行距30厘米。

地膜甜菜可以采取先铺膜后播种，也可以先播种后铺膜，即播种铺膜一次完成。播种方式有膜下条播、膜下点播、膜上点播，大力发展膜下点播有利于甜菜生长。

（六）覆膜与放苗

如果采取先覆膜后播种的方式，遇雨孔口易板结，因此必须及时破除板结层，以利全苗。地膜要用土封严，防止透风，影响墒情。

采取先播种后铺膜方式的，则应及时放苗，以避免幼苗被高温灼伤。覆膜高糖甜菜可比露地甜菜提前播种近10天。一般采用垄上穴播，双行行距30厘米，株距25厘米，公顷保苗7.9万株，用种量约11.5千克。先播种，播后覆土，应保持穴深2厘米左右，避免幼苗一出土就与地膜接触。后覆膜保墒、保湿，可提早出苗5天左右。

幼苗出土后应及时放苗，放苗时间以一对真叶期为宜，按留苗株距每穴留苗2～3株。放苗前必须经过炼苗阶段，在有苗处先打1个小孔，进行通风炼苗24小时后即可放苗，在下午4时以后进行放苗为宜，苗放出膜外后，膜孔周围用土封严。放苗时间不宜过长，掌握不及时易灼伤幼苗。当幼苗长到1对真叶时疏苗，每穴留苗4株；长到二对真叶时间苗，每穴留苗2株；长到6～8片叶时，即可定苗，每穴留苗1株，尽量留子叶伸展方向与垄沟成垂直方向的壮苗。

（七）揭膜

因为甜菜封垄后，田间荫蔽度增加，增温效应逐渐减弱，所以6月底到7月初，地温往往会低于裸地甜菜，并且会阻隔水分溶入，影响灌水质量。

地膜高糖甜菜生育中后期，膜内温度过大，膜下土壤耕层水热不协调，会导致根系生力减弱，养分吸收减少。另外，由于地膜土壤温度过高，高糖甜菜生长过旺，相互遮阴，阳光被繁茂的叶冠层截取，下部叶常处于缺光状态，消耗养分，会导致含糖率下降。同时，地膜高糖甜菜中后期土壤湿度过大，导致根系生活力下降，易发生根腐病。因此，地膜甜菜揭膜十分必要。

揭膜期在覆膜后近3个月为宜。可在封垄前揭去地膜，时间在7月上旬左右，揭去地膜减少甜菜新叶继生，可提高甜菜含糖量，并可提高产量10%以上。揭膜后，要及时进行中耕、培土、灌水等田间作业，以免土壤失水过快，影响甜菜正常生长。同时揭膜可以减少污染，废膜经过加工可再利用。

四、盐碱地的地膜种植技术

甜菜属于积盐作物，具有较高的抗盐性能，在轻、中度盐碱地上种植甜菜，只要加强整地、增施有机肥料，提高保苗率、精细管理等措施，就可获得较好的收成。

(一)选地与整地

选择土层深厚、土质良好、疏松肥沃、墒情较好的田块，前茬以大麦、小麦、玉米等为宜，严禁连作、重、迎茬，最好为轮作四年以上地块。冬季要及时镇压保墒，整地前应全面复平土地，平整犁沟。覆膜前精细整地，耙地深度10～12厘米，整地质量要求平整，耕层松软细碎，耙后及时耱地收墒。

(二)施肥起垄覆膜

施肥可与精细整地同步进行,亩施有机肥5000千克,将精量有机肥与过磷酸60千克/亩,尿素15千克/亩,磷酸二铵20千克/亩或甜菜专用肥50千克/亩混合均匀,起垄覆膜时一次性施入,深度为20厘米。起垄覆膜以一次性完成为宜,起垄要直,旱塘宽1米,水塘宽0.5米,垄高0.2～0.3米,膜面松紧适度,紧贴地面,垄面每隔3～5米压防风带。

(三)种子处理

选用优良品种,要求籽粒饱满,发芽率75%以上,播前将种球压碎成单粒状,温水浸种24小时后捞出,每100千克种子与2千克稀土、1千克甲基异柳磷、100克杀毒矾或粉锈宁兑适量水稀释均匀拌种,稍晾干后即可。

(四)适期早播

膜下5厘米土层温度稳定通过5℃后即可点种,亩播种量1～1.5千克,可采用人工开穴点播,播种深度2～3厘米,旱塘播种3行,行距45厘米,株距30厘米,每亩播种6000穴,每穴播种4～5粒种子,播后及时用湿润肥土封口,封穴口盖土面积不宜过小,确保一次全苗。

(五)中耕松土与间、定苗

播种后要及时进行中耕,提高地温,促苗出土;如播后遇雨则要及时松土,破除板结。缺苗地段要及时补种,补种要经过催芽,确保全苗。幼苗2片真叶时进行间苗,4片真叶时即可定苗，要留健壮大苗，间除小苗，每穴留苗1株，严禁留双苗，坚持狠间苗，早定苗，每亩保苗5000～5500株。每隔10天左右中耕松土除草一次，促进幼苗发育。

（六）病虫害防治

要在高糖甜菜的生长期及时防治甘蓝夜蛾、菜青虫等害虫，可采用杀灭菊酯等喷洒防治。对立枯病、根腐病除拌种外，应加强中耕松土，少灌或浅灌，并用1000倍杀毒矾和粉锈宁混剂灌根。在中后期对褐斑病、白粉病，可用500倍液多菌灵或800倍液甲基托布津、代森锰锌等喷洒防治。

（七）追肥

6月中旬灌第一次水前每亩追施尿素或磷酸二铵，可以掺入充分发酵腐熟的有机肥，施于苗侧10厘米远处、10厘米土层深处。灌水前每亩用100克高美施兑水15千克进行叶喷，在8～9月上中旬每10天左右亩用200克磷二钾或100克高美施兑水30千克，进行叶面追肥4～5次，以促进块根膨大。

（八）灌水

6月中旬追肥后，即可适时灌头水，以后每隔20天左右灌水一次，到8月中下旬～9月中下旬块根膨大期要及时灌水，收获前10天左右停止灌水，灌水宜少而浅，田间积水超过2小时应及时排除。

（九）植株管理

9月份以后，块根开始膨大时可适当将下部黄叶、病叶打掉，同时加强根外追肥，促进块根膨大，个别抽薹植株要及时砍苔，这样对块根发育比较有利。

（十）适时收获

进入10月份，当外层老叶枯黄、内层心叶散开、整株叶片松散匍匐、块根发脆时即可收获。采挖时要保证块根完整，切削干净，切除叶柄青头和直径2厘米以下尾根，刮净根毛和泥土，集中堆放，并用叶覆盖，避免风吹日晒。

第三节　纸筒育苗技术

根据各地区温度、气候、土壤等因素的不同，不同地区采取的高糖甜菜育苗技术也不一样，纸筒育苗是近几年新兴起的一种大棚育苗技术。

一、纸筒育苗

（一）育苗场地的选择

育苗场地应选择向阳、背风、平坦、排水良好、便于管理和运输以及不易受禽畜危害的地方。最好上年秋季即把场地铲平备用。

(二)育苗棚的选用

育苗棚主要有单拱棚、土坯或砖墙棚和塑料大棚几大类,可以根据自身要求选择使用。

1. 单拱棚

单拱棚一般为东西向南北延长的拱棚。棚架用3米长的竹片,按0.5米的间距插入两侧土埂,两端插入土下15～20厘米,竹片形成的拱高应保持在1米以内,宽保持在1.5米左右,棚长按育苗亩数×1.2米计算。

2. 土坯或砖墙棚

顾名思义是用土坯或砖修筑围墙,坐北朝南,北墙比南墙高出将近一半,两侧东西墙长1.8米。棚顶每隔50厘米横1根木杆,再用泥抹牢。四面围墙的顶部应抹成光滑的圆拱形,以便将来覆盖塑料膜时不损坏薄膜。棚长同样按育苗亩数×1.2米计算,东西墙顶部预先留出可开闭的通风口。

3. 塑料大棚

塑料大棚按结构分又可分为竹木结构和无立柱钢筋结构两种。多为东西朝向,向南北延伸。骨架多为钢筋、竹竿、木杆等。大棚高约2米以上,宽6米,骨架间距近1米,长度根据育苗数量确定。为了防风保暖,应距离育苗棚1.5米的周围用秫秸、树枝等夹好防风障,同时也可采用多层覆盖技术。

(三)育苗用品

1. 育苗纸筒

纸筒分为特1号和1号两种规格。特1号纸筒直径1.9厘米,长15厘米,适于垄作地区使用。1号纸筒直径1.9厘米,长13厘米,适于平作地区使用。每册纸筒均为1400个纸筒,每亩地需纸筒4册。

2. 苗床专用肥

可选用甜菜苗床专用肥,每亩用量5千克。如果没有,也可按每亩磷酸二铵1.2千克、硝酸钾0.5千克、硫酸钾0.5千克准备。

3. 种子

高糖甜菜种可选用包衣种或磨光精选种,即发芽率90%以上的种子,每亩0.25千克。

4. 床土消毒药剂

每亩地200千克育苗土加2.5%敌克松900克或75%敌克松30～45克可以防治苗立枯病。

5. 墩土板及附件

墩土板:由一块长度较长、厚3～5厘米木板制成。

侧板:长122厘米、厚2厘米左右,两块,用于保护展开的纸筒,便于装土。

搬运板:可以选用长116厘米、底边宽40厘米、侧边高10厘米、厚1.5毫米铁皮或厚2～3厘米木板制作,用于搬运装好土的纸筒。

纸筒拉条:由长 40 厘米、粗 0.5 厘米的铁条两根制作而成,用于拉开纸筒。

(四)配制育苗土

育苗土最好选用 6 年以上未种过甜菜的麦茬、玉米茬地里的肥沃且上年封冻前选取的土壤,不能用沙土、黏土、盐碱土和生土、草子多的土。用量为每册 50 千克,每亩地 200 千克。

另外,还要准备腐熟的马粪或羊粪,用量为每亩地 40 千克。育苗土过筛、称重后和腐熟的马粪、苗床专用肥或土肥及消毒药剂分层混合,翻倒均匀,用近 10 毫米筛子筛一遍,床土湿度以手能握成团、落地能散开为宜。

(五)纸筒上板、装土及入床

1. 纸筒上板

具体做法是把纸筒拉条穿过纸筒两边商标纸筒的间隙,两人各握两根拉条,将其一端轻轻拉开,放在墩土板上,将拉条两端卡在墩土板两端的长钉上,再将两侧分别放上侧板,使两端拉条卡在侧板缺口处。

2. 装育苗土

将配制好的育苗土分 3 次装入上板的纸筒,第 1 次装半筒,后 2 次装满,每装 1 次土,墩土 7～8 次,墩土时两人动作应协调一致,不能太快、太猛,只要墩实即可。如有未墩实的纸筒，用木条或筷子将土捣实，墩实后用小笤帚扫掉多余的土，露出纸筒边缘。

3. 纸筒入苗床

具体做法是先在苗床地上铺一层育苗土，使床底达到水平状态。在苗床一侧拉一直线做准绳。把墩好土的纸筒抬至苗床，使长边一侧对准准绳，倾斜搬运板，用长 40 厘米、宽 15 厘米左右的木板贴紧纸册另一侧，用力将纸筒推入苗床，同时抽出搬运板。应注意的是后册要与前册对齐、贴紧，不留空隙。如有空隙，要用土填实。纸筒摆好后，沿四周培土，筑起高出纸筒 3 厘米左右的床埂并踩实，以便于灌水。放好纸筒的苗床应呈水平状态。

(六)播种、灌水及扣棚

纸筒育苗的播种期一般比直播早近 1 个月。播种时用播种扎孔器或筷子在每个筒上扎 1 厘米深的孔，每筒播几粒种子，播后逐孔认真检查，防止漏播、出现空筒。播完盖一层过筛的干燥营养土，并用笤帚扫掉多余的浮土，露出所有纸筒的边缘，以便于以后间苗时对每个纸筒的辨别。

扫平床土后即可灌水。每册浇洁净水约 13 千克。有条件的最好用 30℃左右的温水，以提高床温，利于出苗。采取喷灌的方法，先用麻袋或粗棉布等铺在纸筒上，然后用喷雾器或喷壶喷灌。因纸筒口小，渗水速度慢，为使每个纸筒内的营养土浇匀浇透，可分 3～4 次喷灌。灌水时，注意四周应多浇水，因为四周水分蒸发快，容易造成干筒。切忌用水桶、自来水管急水漫灌，这样易造成床土板结或将种子及育苗土冲到筒外。

浇水后，应及时搭好棚架条，在距纸筒 10 厘米处悬挂 1 支温度计。之后扣上塑料膜并拉紧，薄膜四周用土压严实，然后用草绳把薄膜压紧，以防风害，最后盖上草帘子等防寒物。

（七）苗床管理

1. 温度管理

苗床的温度应根据幼苗的不同时期进行管理。

播种至出苗的一周时间，棚内平均温度应保持均衡，不低于 10℃且不高于 25℃。白天揭去草帘等覆盖物，让棚子接受光照，以提高棚内温度。夜晚要加盖草帘等保温。如遇寒流或阴天，白天仍保留覆盖物。扣棚 3 天后可在晴天中午揭开覆膜两端通风 1～2 次。

子叶期棚内适宜温度为 15～20℃，要达到平均 1℃以上，不低于 0℃。白天棚内温度高于 20℃时，要揭膜通风降温，防止苗徒长。先揭开一端小通风，而后再揭开另一端，使棚内温度趋于一致。下午 4 时后要关严通风孔，气温逐渐下降后，加盖保温物保温。

1 对真叶期即播后近一个月的时间，白天棚内温度应保持在 15～20℃，夜间保持在 0℃以上，白天 9～16 时之间可整天揭膜通风，夜间加盖保温物，注意防冻。

2对真叶期即播后的一个多月的时间，是炼苗期。当没有寒流、夜间最低气温高于0℃时，可昼夜不覆膜，幼苗不萎蔫即可。此时，苗床应保持干燥。若遇低温或雨雪，幼苗受到轻微冻害时，可在苗上盖一层报纸，可以起到御寒，防止阳光直射、温度骤升的作用。受冻幼苗可缓慢自行恢复。

为随时掌握棚内温度，每天应定时观测温度计的温度，可选在每天8时、14时、20时观测；而棚内最低温度应在凌晨3～4时观测，以便根据温度采取相应措施。

2. 湿度管理

出苗前不再灌水，出苗后要控制灌水，幼苗不萎蔫就不必灌水。浇水过多会降低土温，不利于幼苗生长，且容易感染立枯病。幼苗真叶期，如果中午幼苗萎蔫严重，第二天又不易恢复时，可在上午10时左右浇一遍温水，水量保持在每册纸筒4千克即可，不能直接浇井水或自来水。

3. 查苗补种

为避免出现空筒，应在幼苗基本出完后及时检查并补种，补种应使用浸种催芽的种子。

4. 间苗

苗出齐后要及早间苗，每个纸筒只留1株壮苗，多余的苗用镊子掐断幼茎。不能用手拔苗，以防带出要留的苗或损伤苗根。间苗应进行2～3次，防止有双株或多株筒。

5. 扫苗

扫苗是通过对幼苗的物理刺激，使其生长粗壮。当第1对真叶长出2～3毫米时，每天早晨露水蒸发后即可用笤帚或麻袋片等轻轻平扫幼苗。开始每天1～2次，扫的方向要保持一致。第2天向相反方向扫。真叶展开后每天可扫3～5次。扫苗一直持续到移栽前。

育成的壮苗以植株株高5厘米以上，上有真叶4片，子叶不超过5毫米，胚轴长小于5毫米，叶长5厘米以下，叶宽1.5厘米以上；叶色浓绿，叶片肥厚，长势均匀，无立枯病为标准。

二、移栽技术

（一）确定移栽期

日平均气温达到10度以上，苗龄达到1个月以上，长出2对真叶以后最适宜进行纸筒移栽。一般在4月下旬，最迟不能晚于5月中旬。

（二）移栽前的准备

高糖甜菜幼苗移栽前的选地整地及施肥，基本上和直播栽培甜菜技术相同，但更要注意田间的保墒和精细整地。墒情特好时，即使不浇水，苗也能成活，而且土壤疏松、细碎，移栽时扎孔省力。

移栽前3～5天苗床要喷施一遍叶面肥。应采取叶面喷洒的方式,用量为每册硝酸铵 1.75 克,或硫酸铵 6 克、尿素 1.25 克,溶于 2.5 千克水。移栽前 24 小时苗床要浇透水,每册 15～20 千克用量,分 3 次浇完。

(三)起苗、运苗及选苗

起苗前先铲土埂,直到可以见到纸筒底部,然后用板锹或四股叉轻轻端起纸筒底部,将其放在筐或箱内,用板车运往田间。运送途中注意苗与苗要挤紧,防止幼苗被折断或纸筒被抖散。

移栽前先把部分小苗选出集中栽植田间,留作将来补苗用,同时淘汰病苗、瘪筒苗、散筒苗。

(四)移栽方法

我国目前一般采用扎孔移栽、鸭嘴移栽器移栽、垄上开沟移栽和穴栽等几种移栽方法。

1. 扎孔移栽

具体做法是用尖头、略粗于纸筒的木棍或铁棍,预先画好 15 厘米左右深的扎孔标记。墒情特好的地块,可直接扎孔插苗。插时纸筒上沿要与地表保持水平,然后扶正、培土、按实。插苗时应该注意,尽量使子叶展开方向与行向垂直,以利侧根发育。如果土壤过于干旱,不能直接扎孔插苗,则应采取先刨埯、再扎孔插苗的方法。插完苗后可浇一遍水,渗下后再浇一遍,然后覆土、扶正、压实。注意苗不能栽得太深或太浅。

2. 鸭嘴移栽器移栽

移栽时应手持移栽器，将其按规定部位插入土中，然后用力攥拉把，使移栽器鸭嘴口张开，再把纸筒苗投入移栽器，最后抽出移栽器，纸筒留在土中，然后将纸筒按实。

3. 垄上开沟移栽

在土壤墒情好的情况下，用犁在移栽垄上开沟，深15～16厘米，沟内按等距离栽入纸筒苗。注意扶正、栽直，不漏纸筒上沿。

4. 穴栽

穴栽也叫埯栽，即先按确定的株距刨坑、施肥，然后用小铲或手扒坑栽入纸筒苗，培土压实。

(五)栽后管理

1. 灌水

应及时浇水，缺水的地方采用穴浇，每穴0.5千克水。采用畦灌的，灌水后要及时中耕松土，以保墒增温。

2. 查苗补栽

栽后3～5天应及时插苗补栽，确保全苗。对于栽植过浅的苗应重新培土、压实。

3. 防冻

随时关注当地天气，特别是移栽较早或地势低洼的地块更要注意。如有特大寒流或霜冻，可在苗周围培0.5～1厘米的干土或用熏烟法保温防冻；也可以用塑料薄膜遮盖幼苗；移栽后深蹚一犁，蹚成“敞口垄”，也可起到防风、防冻的效果。

4．追肥

幼苗长出 8～10 片真叶时，亩追肥 10～15 千克尿素，深施，追肥后蹚一犁，防止移栽苗后期脱肥。

其他田间管理措施和直播甜菜相同。

第五章　高糖甜菜主要病虫害及防治

在高糖甜菜要求高产量的同时，我们还要注意病虫害的发生，要做到预防与防治相结合的原则。

第一节　高糖甜菜病害及防治

在不同时期，高糖甜菜会发生不同的病害，那么，发生病害以后，我们要及时地采取措施，才可以消灭病害，保证产量。

一、白粉病

白粉病是我国西北甜菜产区的主要病害，近年也扩展到华北一些产区。原料甜菜和采种甜菜都能感病。一般发病率相当高，可使甜菜块根产量减产10％～20％，含糖率下降，采种甜菜种子产量减少10％～15％。

(一)病原

甜菜白粉病是由于白粉病菌导致的，它的发生及流行与气象条件有密切关系。

（二）症状

感病植株首先在下层叶片出现白色绒毛状病斑，直径约1厘米，逐渐浸染上层叶片；病斑先从每片叶的基部向顶部扩展，最终遍及全叶。后在叶片及采种株的花枝、种球上生成白色菌丝层，后变成白粉层，轻轻震动感病叶片或花枝时，会飞散出大量白色粉状物，这是白粉病菌的菌丝体及粉生孢子。8月下旬，在白色菌丝层中形成小颗粒，最初呈黄色，逐渐变成褐色、黑色，感病叶片萎黄枯死。

（三）发病条件

干燥炎热有利于白粉病的发生及扩展。一般6月底～7月上旬开始发病，首先在采种株上发生，一周到半个月后，原料甜菜也相继发病。8月上中旬是发病盛期，8月下旬～9月上旬病害逐渐减轻。当气温低于20℃时，不利于发病。连续降雨，尤其是暴雨对发病有抑制作用。同时，此病的发生也与栽培技术措施有关，当土壤干旱、肥力低、重茬或迎茬时，发病严重；低洼、多湿地块发病较轻。

（四）防治方法

1. 农业技术措施

选用抗病品种，新疆农科院选育的新甜2号等品种对甜菜白粉病有较高的抗性；选用健壮无病母根采种；及时清除田间病株并深埋；杜绝甜菜重茬、迎茬；加强病害预测，及时采取药剂防治。自6月下旬起，当连续5天平均气温大于

20℃，病害即可能发生；7～8 月份气温在 20～25℃，相对湿度 65％以下，月降雨量不足 65 毫米时，病害将迅速蔓延。

2. 药剂防治

亩用硫黄粉 1～2 千克，进行叶面喷洒，残效期可保持 10 天以上；50％甲基托布津可湿性粉剂 1000～1500 倍液，或 50％多菌灵可湿性粉剂 1000 倍液；40％灭病威胶悬剂及 25％白霜净胶悬剂，均有良好的防治效果。

二、褐斑病

褐斑病又称叶斑病、斑点病，是一种严重危害高糖甜菜生产的世界性病害，我国各地均有发生。一般发生可使块根减产 10％～20％，含糖率降低 1％；严重发生地块可减产 40％，含糖率下降 2％～3％。

(一)病原

褐斑病是由多种发病因子引起的流行性病害，田间越冬致病菌丝团是引发褐斑病的主要原因，同时该病的发生也与当地的气候条件及品种的抗病性有密切联系。一般多发病于长出 15 片真叶后。

(二)症状

该病主要发生在植株的叶片及叶柄上。最初叶片上会出现褐色或紫褐色小圆点，并逐渐扩大为直径 3～4 毫米的病斑，病斑外缘呈红褐色；后期褐斑中央出现灰白色霉层，天气潮湿时更加明显；病斑中央薄而易碎。发病后期病斑逐渐连片，叶片干枯死亡。病斑先在外层叶片发生，逐渐向内层扩展。由于受害叶不断死亡，加速新叶生成，导致根头增大加长，形状如菠萝。叶柄受浸染时，则出现梭形病斑。

（三）发病条件

甜菜褐斑病的发生和流行受气象条件、致病菌数量及甜菜自身的抗病性的制约。

当平均气温在15℃以上，连续两天以上降雨，相对湿度超过70%时，地表病叶便会产生孢子。若再次降雨，10～15天后就会出现第一批病斑。东北产区首批病斑一般出现在7月上、中旬。如果连续10天平均气温在19～25℃，最低平均气温在13℃以上，有1～2次降雨，雨量均达到20毫米以上时，病害会迅速扩展。

多年种甜菜的老区，田间越冬致病菌丝团多，一般发病情况会比较重；新地块则发病相对轻些。重茬、迎茬地块或靠近上年发病地块的种植区域易发病且病情重。一般国外非抗性品种易感病，而且发病重；而我国育成的一些多倍体品种抗病性强、发病轻。苗期及新叶基本不感病；长出15片真叶后易感病。

（四）防治方法

1. 农业技术措施

采用抗病性品种是预防褐斑病的有效方法。我国培育的甜研 301,302,303 或 201,202 等甜研系列品种对褐斑病表现出较强的抗性。通常比一般品种抗性高出 1 级、产糖量高 10%以上。

严格实行 4 年以上轮作,严禁重、迎茬。而且地块要远离上年甜菜的地块 500～1000 米,以免病菌传播。

收获后,发病地块的甜菜茎叶要彻底清除,彻底清理田间病残茎叶,并实行秋翻地,减少病源。

2. 药剂防治

50%托布津可湿性粉剂上千倍液;70%甲基托布津可湿性粉剂 1500～2000 倍液;50%多菌灵可湿性粉剂 1000 倍液;40%灭病威或 40%白霜净胶悬剂 600～800 倍液;20%三苯基醋酸锡 1000～1500 倍液;75%百菌清可湿性粉剂 250～400倍液,均对褐斑病有良好的防治效果。

药剂配制的方法:将称好重量的药剂加少量水调成糊状,之后加足水充分搅拌成所需稀释浓度,每亩用药液 40～50 千克。

田间出现首批病斑时即应喷第一次药,以后每隔 15 天左右喷一次。发病严重地块应喷药 3～4 次。如果喷药当天遇雨,应视情况补喷。

三、黄化病

黄化病主要发生在我国东北、西北地区。原料甜菜和采种甜菜均能受害，一般发病率较高，严重地块可达90%。感染病菌的植株块根减产20%左右，含糖下降2～4度，纯度下降，有害氮增加；采种株种子减产30%左右。

(一)病原

黄化病是由黄化病毒引起的一种病害；黄化毒病主要由蚜虫传播。

(二)症状

叶片早期黄化是本病的典型症状。田间发病初期病株零星分布，逐渐连成一片，严重时整个地块黄成一片。病株先从老叶叶尖及边缘开始变黄，逐渐向中心扩展，叶脉间出现大小不等的黄斑，逐渐扩大，最后除叶脉周围仍有绿色外，全叶变黄、全株变黄。病叶厚而脆，手捻可成小碎片。盛夏中午，病叶直立不下垂，后期被腐生菌浸染生成黑白霉斑而枯萎死亡。

(三)发病条件

黄化毒病主要由蚜虫传播，所以发病时期及流行程度与蚜虫的发生及其迁飞高峰和迁飞量有直接关系。气温25℃，相对湿度40%～60%，有利于蚜虫的发生和迁飞。天旱会增大蚜虫迁飞量，加速本病的流行；而冬季和早春的严寒和夏季的多雨则有利于抑制蚜虫的繁殖和迁飞。黄化毒病也浸染采种甜菜、菠菜及藜科杂草，所以，菜地距上述浸染源越近，越容易发病。

（四）防治方法

1. 农业技术措施

选用抗病品种，内蒙古甜菜糖业科学研究所选育的抗黄化毒病品系“504”，具有较强的耐病能力。原料甜菜与采种甜菜地块实行隔离，相隔距离要达到1000米以上，因采种甜菜是本病的主要浸染源，所以必须隔离种植。杂草，特别是藜科杂草是黄化病毒的中间寄主，也是蚜虫的中间寄主及越冬场所，消灭杂草，可防治病毒及蚜虫的繁殖。加强栽培技术措施，提高植株抗病能力，采种母根采取夏播方式，可减轻本病的发生。

2. 药剂防治

蚜虫发生初期，喷洒40％乐果乳油或60％乐果可湿性粉剂800～1000倍液，每亩用药量50～60千克，每隔半个月喷一次。连用2年后，蚜虫会产生抗药性，应改用其他内吸杀虫剂。

四、立枯病

立枯病是甜菜苗期的主要病害，也称黑脚病、苗腐病、猝倒病。各产区都有不同程度的发生。通常发病率20％～30％，大面积发生时，常常造成田间缺苗严重，不得不补种，甚至毁种。

（一）病原

甜菜种子发芽后到幼苗3对真叶期均可发生立枯病，而

2～4片真叶时发病最重。立枯病是由多种病菌引起的。

(二)症状

高糖甜菜感染立枯病主要有三个特征，即幼苗还未出土即腐死；子叶期胚轴变黑、变细而枯死；真叶出生时枯死。

感染立枯病的一般发病的症状是最先在幼根和子叶下胚轴出现水浸浅褐色病斑，逐渐变为深褐色、黑色，病斑上下扩展，严重时遍及整个下胚轴和根部，感病较轻的幼苗，虽能继续生长，但常常形成两头粗中间细的丫葫芦形根；或因主根坏死，又生出许多岔根。

(三)发病条件

由于高糖甜菜立枯病的致病条件有多种，因此发病条件不完全相同。一般在以下情况下易发病。

(1)低温、多湿的条件会导致幼苗出苗慢，增加病菌浸染机会和条件，所以，土壤低温、多湿或气温低时植株易感染立枯病且发病严重。

(2)过于黏重、板结、排水不良的土壤导致植株患病的机会更多，因这样的土壤中幼苗生长不良，对病菌的抵抗力弱。

(3)整地质量差，导致种子采种时受到病菌浸染。

(4)重茬、迎茬地种植高糖甜菜，更容易发生立枯病。

(四)防治方法

高糖甜菜立枯病的防治，主要从选择抗病优良种子，或用杀菌剂处理种子,并配合相应的农业技术措施来完成。

1. 种子的药剂处理方法

用0.8%的福美双或敌克松拌种,即每100千克种子,浸入0.8千克的50%福美双或95%敌克松可湿性粉剂拌种;0.8%的福美双与土菌消等量拌种。0.8%敌克松液浸种,即每百千克种子,浸入0.8千克敌克松兑70千克水配成的浸种液中,24小时后捞出,风干后即可播种;5%菌毒清水剂300倍液浸种24小时。这些方法均可以有效地防治高糖甜菜立枯病。

2. 农业技术措施

切实实行合理轮作,最好选禾谷类作物等作为前茬,不用菜茬,杜绝重茬、迎茬,以4年为宜。精细耕地、适时播种,覆土不宜过厚,以3～4厘米为宜,促使幼苗及早出土。苗期要做到及时松土、破除土壤板结层,提高地温。1～2对真叶时应及时间苗。苗簇过密时,应掐断不要的苗,不应拔除以防止拔苗时损伤留苗的根,感染立枯病。增施磷肥做种肥,提高幼苗抗病能力,用量为每亩施过磷酸钙15千克或骨粉30千克。

五、根腐病

根腐病是甜菜受多种真菌和细菌浸染而引起的块根腐烂病的总称。我国各甜菜产区均有发生,在黑龙江省甜菜产区得发生比较普遍，一般于6月下旬～7月上旬为发病始期，7月下旬～8月中旬为发病盛期，8月下旬～9月份病害基本停止蔓延。在老甜菜区发生更为严重，危害程度也更大，一般可使甜菜减产10%～40%，含糖率显著下降，个别地块甚至绝产。

（一）病原

根腐病的致病菌不同，大致分为镰刀菌根腐、丝核菌根茎腐烂、蛇眼菌黑腐、细菌性根腐、白绢菌根腐几种。

镰刀菌根腐主要由镰刀菌经伤口侵入根表皮导致；丝核菌根茎腐烂主要由丝核菌引起；蛇眼菌黑腐主要由蛇眼病菌引起；细菌性根腐由甜菜黄湿杆菌等引起；白绢菌根腐主要由白绢菌引起。

（二）症状

镰刀菌根腐病菌由伤口侵入根表皮，患病植株产生水浸状不规则病斑，并逐渐深入根体内，破坏块根的薄壁组织、筛管和导管，损害了甜菜的输导组织，使病部变褐，后期块根呈干腐状，内部形成空腔或乱麻状，根外可见到浅粉色菌丝体，此类病状称为甜菜干腐病。

丝核菌根茎腐烂最初发病症状为叶柄基部及根冠部出现褐色斑点，逐渐腐烂，并向下扩展到根体，腐烂处凹陷并形成黑褐色纵向裂沟，裂沟上有褐色菌丝体；腐烂组织向根内扩展，可使整个根体腐烂。严重感病的根茎、叶柄基部可见到褐色菌丝体。这种根腐症状发生较晚，多见于低洼下湿地。

蛇眼菌黑腐首先发生在根冠部，出现黑褐色云纹状斑块，并略凹陷，但一般不侵入块根内部。

细菌性根腐，又叫尾腐病。从根尾开始发病，向根体上部扩展。腐烂组织呈褐色或黑褐色，维管束环变褐色，逐渐扩展到整个根体。土壤含水量大时，根尾呈水浸状，有酸臭味黏液流出。

白绢菌根腐，又叫菌核病。病害一般从根冠发生，向根体扩展，发病部出现白绢状菌丝，并在菌丝上结成褐色油菜子大小的菌核，根组织逐渐腐烂，只剩纤维。湿度大时，白色菌丝沿地面向邻株扩展。

（三）发病条件

甜菜根腐病是由多种真菌和细菌引起的。不同病菌的生存条件虽然不同，但他们多属于土壤习居菌，浸染也多由经根的损伤处侵入。所以，土壤、气候条件及植株生育状况和发病有密切关系。

地势低洼、排水不良、土质黏重、通透性差的地块，会导致高糖甜菜根系发育不良；温度过高、湿度过大，易导致丝核菌体大量繁殖，浸染甜菜植株；轮作年限短或重、迎茬，会导致病菌残留量大；地下害虫危害根系，或间苗、中耕时损伤根系。上述都会为病菌侵入创造条件，导致高糖甜菜发病。

(四)防治方法

1. 农业技术措施

由于甜菜根腐病发病原因复杂,尚缺乏明显有效的防治药剂。目前,主要是采取“预防为主,综合防治”的办法,以预防和减轻病害的发生。

应选地下水位低、排水良好、土质肥沃的平川地种植,避免在排水不良的低洼、下湿地种植甜菜。如地势较低,则应采用大垄或高畦,挖好排水沟,利于积水及时排出。

合理轮作,选好前茬。老种植区应实行 6 年轮作制,以恢复地力,减少致病菌数量。同时,前茬作物最好选麦类、玉米;豆类、蔬菜茬不宜种植甜菜。

深耕深松,及时铲蹚。深耕深松及铲蹚可加深耕层,提高地温,加强土壤通透性,促进根系发达,增强抗病能力,减少发病概率。

保护根系,防治地下害虫。播种时种肥应距种子 5 厘米以上,以免“烧苗”;间苗时苗簇过密时不应拔,以免伤根;苗期及时培土,以免风害伤苗;铲蹚、锄地时勿伤苗;发现地下害虫危害及时用药灭虫。

2. 药剂防治

少许菌毒清水剂 300 倍液浸种 24 小时;荧光假单胞菌 100 倍液浸种 24 小时;70%土菌消可湿性粉剂与 50%福美双可湿性粉剂等量混合,按种子重量的 0.8%干拌种;77%可杀得粉剂300倍液闷种；70%土菌消800倍液灌根，每株150毫升，均对根腐病有防治作用。

六、丛根病

丛根病是近年来世界各地均有发生的一种甜菜病毒病害。自1979年在我国包头首先发现后，各产区已相继发现这种病害。该病对高糖甜菜生产危害极大，一般发生田块根减产40%～60%，含糖率下降4%～9%，严重地块甚至绝产。一旦发病，其后10～15年再种植甜菜仍会发病并严重减产，后果非常严重。

(一)病原

甜菜丛根病是由甜菜多黏菌携带的甜菜坏死黄脉病毒侵染甜菜块根引起的。因此，田间多黏菌的数量与该病发生有直接关系。

(二)症状

7～8月是发病盛期，地上部分会有叶片黄化，边缘出现波状褶皱，植株矮化；叶脉黄化坏死；叶片出现环状褐斑，扩大成不规则黑褐色斑块，叶片焦枯、内卷，最后全叶变黑枯死等症状。有的症状较轻，也会出现叶片正常，但白天萎蔫，夜晚或雨天恢复正常的症状。

除地上部症状表现有所不同外，其根部症状基本相同。首先侧根变褐、变细、坏死，之后主根维管束也变褐色、变硬。

主根从下向上腐烂。不发生腐烂的块根,从侧根处丛生大量胡须状的细根。在根的横切面上可看到中柱及维管束由黄色逐渐变成褐色。

(三)发病条件

土壤温度过高、湿度过大、排水不良、灌溉过量的地块易发病;甜菜重、迎茬,或在多黏菌的宿主作物如菠菜、西风谷、一年生植物的茬口等地块上种植容易发病;或者在 pH6.2 以上的中性或偏碱性地块种植也较易发病。

(四)防治方法

目前,还没有可以有效防治丛根病的化学药剂。主要以预防为主,选用抗性品种,同时,加强栽培技术措施,尽量减少病害损失。

1. 农业技术措施

采用抗、耐性品种,加强栽培技术措施。延长轮作周期,未发病区轮作期可延至 8～10 年以上;尽量选有效磷、硝态氮低的地块;及时清理田间病残株;增施有机肥及过磷酸钙等生理酸性肥料,降低土壤 pH 值。

2. 药剂防治

采取土壤熏蒸消毒的方法防治。熏蒸消毒应在秋季进行,不宜在春季进行。

第二节 高糖甜菜虫害及防治

在防治病害的同时，高糖甜菜的虫害我们也要及时地预防与治疗。

一、地老虎

地老虎俗称地蚕、切根虫，主要有小地老虎、黄地老虎和白边地老虎等，会对甜菜造成危害。地老虎幼虫咬食甜菜幼苗根茎部，会造成幼苗死亡、田间缺苗。

（一）习性

分布最广、危害最重的小地老虎在黑龙江省一般1年发生2代，在内蒙古河套地区1年发生2～3代。以第1代幼虫危害严重。6月上旬幼虫出现，中旬为幼虫发生盛期，1～2龄幼虫藏在甜菜叶丛心叶里取食；3龄后开始入土，白天潜伏根部周围表土下，夜间咬食植株幼苗。

（二）防治方法

1. 农业技术措施

消灭田间杂草，及时秋翻地，消灭虫源；适时早播可减轻地老虎危害，因地老虎幼虫大发生时，早播甜菜幼苗已大，不能咬断子叶下轴，不至于造成幼苗死亡；加强虫情预测，及时用药剂防治。可以在5月中旬起设置诱蛾器，预测小、黄地老虎的发生量。6月上、中旬平均每台幼雌蛾总量100头，相隔15～20天，甜菜地幼虫密度达0.4头/平方米以上，表明即将严重发生危害。

2. 药剂防治

多数的敌百虫原药或将近一半的敌敌畏乳油800～1000倍液，每亩用药液50千克，下午4时起向苗穴中灌药；或用50％锌硫磷600～700倍液灌苗穴，都可以起到防治作用。

二、跳甲

跳甲是东北产区甜菜苗期常发生的害虫。干旱地区或靠近林带、荒地的地块受害严重。成虫取食后的甜菜幼苗子叶或真叶会形成缺口或圆孔，严重时整叶被吃光，造成缺苗，甚至毁种。

(一)习性

甜菜跳甲1年发生1代，成虫在藜科或蓼科杂草丛中越冬，第二年春天气温回升后成虫开始活动。5月上、中旬成虫活动达到旺盛期，因为高糖甜菜幼苗出土后，成虫大量迁往高糖甜菜地取食幼苗；5月下旬逐渐减少，6月上旬基本不再发生危害。成虫喜欢在藜科和蓼科植物上产卵，成虫羽化后，8月份取食藜科和蓼科植物，同时准备越冬。

(二)防治方法

1. 农业技术措施

适时早播，提高播种质量，培育壮苗，增强其抗虫能力。

2. 药剂防治

35%大扶农种衣剂闷种。按药剂、种子、水用量为2∶100∶50。本药剂可同时防治甜菜象虫、潜叶蝇等苗期害虫。

三、象甲

象甲又称象虫，喜欢温暖、干燥，但畏强光；最喜欢栖于河灌地区及盐碱性较高的沙壤土、壤土或黏壤土环境中。危害甜菜的象甲多达20多种，其中分布最广、对甜菜危害最重的是甜菜象甲和蒙古土象。象甲成虫咬食甜菜子叶和幼小真叶。严重时，能把子叶和真叶全部吃光，造成田间缺苗，甚至毁种。

(一)习性

甜菜象甲在各地均1年1代，以成虫在当年甜菜地及荒滩地越冬，以土下30厘米左右为多。翌年越冬成虫3月下旬～5月中旬出土，盛期在4月下旬～5月上、中旬，正值甜菜幼苗期，危害严重。

成虫产卵期约30天，卵期10余天，幼虫危害盛期在6～7月，幼虫期51～65天，6龄，1代成虫羽代盛期在7～8月，一般不出土而越冬。

成虫出土初期气温低，靠爬行迁移，随气温增高加速取食，温度高时，可作短距离低飞，成虫耐饥力强，有假死性，昼夜取食，产卵于甜菜底部近地表的叶背表土上或根部附近干湿土交接处，散产，每雌可产粒卵。幼虫集中于土下10～15厘米处。

蒙古土象在东北产区每2年发生1代。成虫和幼虫均能越冬，当早春气温接近10℃时，成虫开始活动，危害甜菜幼苗；随温度升高，成虫日趋活跃，常常数头集中取食，并有假死性。

（二）防治方法

1. 农业措施

（1）实行轮作，平整土地。

（2）适时早播，增大播种量，晚定苗。

2. 药剂防治

采用35％呋喃丹种衣剂及35％大扶农种衣剂拌种，将药剂、种子、水按1∶50∶25的比例拌种，有很高的防治效果；50％甲胺磷、40％乙酰甲胺磷500～800倍液进行田间喷洒，每亩用药量约为2千克，也可达到防治的目的。

四、大黑金龟子

大黑金龟子幼虫称为蛴螬，俗称蛭虫、大牙嗑儿，对东北、华北局部农耕地区危害严重。蛴螬幼虫可咬食甜菜幼根造成死苗，同时也危害玉米、大豆、马铃薯等多种作物。

（一）习性

大黑金龟子在东北地区2～3年完成1代。6月中、下旬为蛴螬害严重期，蛴螬在地下深约4～5厘米以下取食作物幼根,1头幼虫可连续食害数株甜菜,造成严重缺苗。幼虫共3龄,2、3龄幼虫在田间80～160厘米的冻土层中越冬。成虫有趋光性和假死性,喜食大豆叶,并在大豆地产卵。因此,大豆茬种甜菜更易受蛴螬危害。

(二)防治方法

1. 农业技术措施

豆茬易导致蛴螬,不要在豆茬尤其是迎茬豆地种植高糖甜菜;间苗或查田时要注意,一旦发现可进行人工捕杀。

2. 药剂防治

3%呋喃丹颗粒剂2千克/亩,播种时施于种子下方;50%锌硫磷乳油1千克,兑水1千克,再加入过筛细干土150千克,制成毒土。按15千克/亩用量,均匀撒在种子下方;如出苗后发生蛴螬危害,可用多数的敌百虫或一半以上的新硫磷1000倍液灌根,每亩用药100克。

五、草地螟

草地螟又称黄绿条螟、甜菜网螟,我国各甜菜产区均有这种害虫。幼虫取食甜菜叶片,严重时仅剩叶柄、叶脉。

(一)习性

在东北及内蒙古产区,草地螟一般每年发生2代。5月下旬～6月初开始出现成虫,6月上、中旬是成虫发生高峰期,6月下旬为第1代幼虫发生或危害盛期,8月上、中旬为第2代幼虫危害盛期。第2代对甜菜的危害大于第1代。

(二)防治方法

2.5%敌杀死乳油2500倍液喷洒;20%除虫菊酯2000倍液喷洒;20%杀灭菊酯乳油2000～3000倍液喷洒;50%锌硫磷乳油800～1200倍液喷洒;80%敌敌畏乳油800倍液喷洒;24%万灵1000倍液喷洒。

上述药剂每亩用量为药液35～40千克,喷时注意用量均匀,不漏喷、不重喷。

六、红蜘蛛

(一)习性

红蜘蛛以两性生殖为主,雌螨也能孤雌生殖,世代重叠现象严重,越冬场所较复杂,生长发育的适温范围比蚜虫广。红蜘蛛在高温干旱的条件下容易大发生,并和发生地区每年的越冬基数有很大的关系。高发期一般在7月底～8月初。

(二)防治方法

1. 农业技术措施

本着发现一点防治一片,发现一片扩大防治面积,压低虫口数量,避免大发生为原则。

2. 药剂防治

可用阿维螨清1000～1500倍液、炔螨特1000～1500倍液防治。

七、潜叶蝇

(一)习性

双翅目潜蝇科昆虫,体小,植食性,幼虫潜在叶片的组织内,取食叶肉而残留上下表皮,严重影响叶片的光合作用,一般年份在 5 月中旬开始危害。

(二)防治方法

选用内吸性或熏蒸式的杀虫剂,如 40%的敌敌畏 500 倍液、80%的乐果 800 倍液等进行防治。

八、三叶草夜蛾

(一)习性

三叶草夜蛾是同翅日夜蛾科昆虫,主要寄主是甜菜和旋花,是焉耆垦区的主要虫害,1 年发生 3 代,第 1 代危害期一般在 5 月中旬,第 2 代发生于 6 月中下旬,第 3 代发生于 7 月下旬~8 月初。

(二)防治方法

可用高效氯氰菊酯 1500 倍液、敌杀死 1500 倍液防治。

九、藜夜蛾

藜夜蛾属鳞翅目,夜蛾科,别名旋幽夜蛾。

成虫:体长 15~19 毫米,翅展 34~40 毫米,体及前翅淡赤褐色或黄褐色。各斑明显，各线黄白色，亚外缘线白色并有明显“W”纹；后翅浅黄色，近外缘有较宽的暗色带。

卵：宽径 0.56～0.7 毫米，馒头形，中央稍凹，有放射状长纵棱，初产乳白，渐变为黑灰色。

幼虫：末龄 28～35 毫米，体色变化大，有绿色、黄褐、黑褐色等，体多皱褶。

蛹：体长 13～14 毫米，初期绿色，渐变为红褐色。

(一)发生危害习性及特点

国内分布于东北、华北、西北等地，内蒙古各地普遍发生，主要发生于巴盟、乌盟、呼和浩特市、包头市等甜菜栽培区。寄主有甜菜、菠菜、甘蓝、白菜、大豆、胡麻等作物。

幼虫取食寄主叶片，1 代幼虫发生时，严重危害甜菜幼苗心叶、嫩叶，大龄时把叶肉吃光，仅留较粗叶脉及叶柄，咬断生长点，甜菜生长受阻，含糖量降低，甚至全株死亡；危害叶菜蔬菜时，造成叶片残缺、菜心内虫粪污染，不堪食用。

在内蒙古西部 1 年发生 2～3 代，以蛹在土中越冬。越冬代成虫一般 4 月中、下旬出现，5 月上、中旬盛发，5 月中、下旬为幼虫孵化盛期。2 代卵 6 月中、下旬出现，2 代幼虫 6 月下旬～7 月发生。3 代幼虫 7 月下旬～8 月初出现，8 月下旬～9 月上旬危害甜菜很严重。

成虫白天潜伏，晚间 10 时左右活动最盛，有趋光性和趋化性，卵多散产于甜菜、灰菜叶正面或背面，也产于白菜、甘蓝叶片上，卵期 5～16 天；幼虫有吐丝假死性，白天潜伏、夜晚危害，幼虫 4 龄，幼虫期约 17～32 天，成熟后入土化蛹。

（二）防治方法

1. 农业措施

冬季深翻土地，杀死越冬蛹，加强管理，铲除杂草。

2. 药剂防治

(1)第 1 代幼虫期，结合防小地老虎早期地面喷药。

(2)防治各代低龄幼虫均选用下列药剂：90％的敌百虫 1000 倍液，50％的甲基 1065 或 50％的久效磷 2000 倍液，2.5％的敌杀死 3000～4000 倍液喷雾，防效 90％以上。

十、甘蓝夜蛾

甘蓝夜蛾又称甘蓝夜盗虫，是甜菜生长期的主要害虫，我国各产区均有发生和危害。甘蓝夜蛾幼虫取食甜菜叶片，大发生年份不仅吃光片叶，并且食害叶柄甚至根头。一般造成块根减产 10％～20％，含糖率下降 0.8％～1％。

（一）习性

甘蓝夜蛾在我国甜菜产区一般 1 年发生 2 代。蛹在甜菜、白菜、甘蓝地块的 5～15 厘米深土层中越冬。6 月下旬～7 月上旬是第 1 代幼虫发生盛期，8 月下旬～9 月上旬是第 2 代发生盛期。一般第 2 代幼虫发生量及危害均大于第 1 代。

刚孵化的幼虫聚集在卵块周围取食叶肉；1～3 龄幼虫

昼夜取食;4～5 龄幼虫白天潜伏地表残枝、土块下,夜间爬出取食。取食量随幼虫龄期增长而增多,5～6 龄为暴食期,取食量占总取食量 80%以上。老熟 6 龄幼虫一般在 7～12 厘米土层中化蛹,第 1 代化蛹期在 7 月中旬,第 2 代为 9～10 月上旬,以蛹越冬。第 2 年 5 月下旬气温升高时,越冬蛹开始羽化为第 2 代幼虫。

(二)防治方法

1. 农业技术措施

做好虫情预测。调查第 1 代越冬蛹的密度,当每平方米达到 0.5 头或成虫发生期,每台诱蛾器诱蛾数达 300 头以上时,幼虫可能大发生,应及早做好灭虫准备。

2. 药剂防治

当田间绝大多数的卵孵化,幼虫多数为 2～3 龄时,是喷药的适宜时期。

甜菜的营养价值高、价格不昂贵、有着巨大的发展前景,种植甜菜时要保证虫害的防治工作和种植技术的不断提高。根据具体位置选择合适的种植环境,使甜菜能够很好地为人们服务。

附录 高糖甜菜与甘蔗对比

高糖甜菜和糖用甘蔗是我国两大糖料作物，在我国制糖业的生产和发展中，发挥着举足轻重的作用。

两者不论是在农艺性状，还是在经济指标上，各个方面都存在着一定的差异。明确了解两者的差异及发展趋势，对如何制定和规划我国糖料生产以及制糖业发展政策，如何降低成本，如何促进我国食糖业健康发展，如何让企业增效和农民增收等，具有一定的参考价值和意义。

一、生物学特性与农艺性状比较

甜菜是二年生的作物，第一年种植种子进行营养生长，块根用做制糖原料，第二年栽植母根进行生殖生长，繁殖种子，如此循环。也有一年生的甜菜，种植一年生的甜菜，最好选择在4月上旬或中旬播种，这样就能在年末的时节收获甜菜。

甘蔗是四季性生产作物，种茎种植后，第一年长成的甘蔗叫做新植蔗。而第二年后，利用砍收后甘蔗留在地下蔗蔸的蔗芽，在适宜的环境下萌发出土的甘蔗称为宿根蔗。因此，甘蔗栽培一般下种1年后可以保留宿根3年左右。新植蔗又因下种的季节不同而分为秋植蔗、冬植蔗、春植蔗和夏植蔗。甘蔗生长期长达9～17个月，最长的达18个月，最短的只有7个月，一般为将近一年。

二、两种糖料作物种植比较

(一)种植分布区域

不同的糖料作物在我国，各有其不同的适生地区，总的说来，甜菜在北，甘蔗在南。甜菜主要适于种植在东北、西北、华北地区，即黑龙江、新疆、宁夏、辽宁等地。

甘蔗则适宜在广西、云南、广东、海南、福建、四川、江西、湖南等地生长，在南、北纬度35°以内都可种植生长。近现代以来，由于东南沿海地区农业结构调整和产业结构升级，我国甘蔗生产逐渐向西转移，区域布局得到优化。按照气候条件适宜、具有一定生产规模、制糖产业布局合理等原则，选择桂中南部、滇西南部和粤西为全国甘蔗优势区，包括48个县(市)。

(二)使用的品种

目前，甘蔗品种以台糖系列、桂糖系列和粤糖系列为主，三大系列占甘蔗总种植面积的81.2%；甜菜则以吉丹系列为主。

甘蔗与甜菜的含糖量相比较，甘蔗平均含糖量没有甜菜的含糖量高。

(三)原料总产比较

近些年来,我国甜菜原料产量总体下滑,而甘蔗产量虽有浮动,但变化不大,总体来说,甜菜原料总产的稳定性低于甘蔗。

(四)食糖产量比较

甜菜的榨季为10月～次年2月,甘蔗的榨季为11月～次年4月。我国食糖产量与甘蔗糖产量显著相关;与甜菜糖产量相关性很低,不显著。现在全国每年的食糖总产量中,甘蔗糖占了绝大部分,这与甜菜原料的产量总体下滑有很大的关系,说明甜菜糖产量稳定性略逊于甘蔗糖。

三、国家对农药使用的规定

(1)国家明令禁止使用的农药有:六六六,滴滴涕,毒杀芬,二溴氯丙烷,杀虫脒,二溴乙烷,除草醚,艾氏剂,狄氏剂,汞制剂,砷、铅类,敌枯双,氟乙酰胺,甘氟,毒鼠强,氟乙酸钠,毒鼠硅。

(2)在蔬菜、果树、茶叶、中草药材上不得使用和限制使用的农药有:甲胺磷,甲基对硫磷,对硫磷,久效磷,磷胺,甲拌磷,甲基异柳磷,特丁硫磷,甲基硫环磷,治螟磷,内吸磷,克百威,涕灭威,灭线磷,硫环磷,蝇毒磷,地虫硫磷,氯唑磷,苯线磷。

(3)19 种高毒农药不得用于蔬菜、果树、茶叶、中草药材上。三氯杀螨醇、氰戊菊酯不得用于茶树上，任何农药产品都不得超出农药登记批准的使用范围使用。